超圖解 菌種圖鑑

感染科醫師告訴你
72種致病且致命的細菌

U0056307

岩田健太郎／著　石川雅之／繪

李璦祺、趙誼／譯

小時候，我「未來的夢想」是成為漫畫家。我最愛看藤子不二雄（當時）的《哆啦A夢》，小學2年級的時候，甚至會在白紙上畫哆啦A夢裡的人物，再用釘書機將好幾張釘在一起，變成一本自製漫畫。

　很快的，我便領悟到「所謂夢想，就是因為不會實現才叫做夢想」。成為漫畫家的夢想，急速自現實世界退場，我走上了沒有夢想、順水推舟的人生航路，於是便有了今日的我。

　這是一本關於微生物的書，向讀者解說我在醫療現場遇到的、在社會上引發話題的那些微生物。

　在醫學院學生之間，最不受青睞的就是微生物學。因為大家常以為這是一門死背大量微生物（然後在考試完還給老師）、枯燥乏味的學科。

　然而，死背能力極差的我也能當上感染科醫師，就證明了微生物學絕對不是一門死背的學問。微生物有著它們的歷史、它們的故事。有著它們與人類之間的戰爭與（相互的）消長。學習微生物是很令人感到興奮的。

　形容不愛交際活動，成天沉迷於同一件事物的「宅」字，如今已不再是負面用語。許多日本人已經開始認同並肯定自己的「宅度」。而微生物的世界裡，宅度滿點的趣聞逸事俯拾即是。

　不能不提到的是石川雅之老師。雖然我的夢想破滅，但《農大菌物語》卻代替我實現了夢想。精美的插圖，就是這本書的最大賣點。因此，在這本書的企劃會議上，我也極力堅持一定要保持和雜誌連載時一樣的彩色插畫。說白了，搞不好有讀者是不看內文，只看漫畫的，而「這種閱讀方式」我也覺得沒什麼不好。

　原本刊登專欄的雜誌（《Medical朝日》）突然消滅，本專欄連載也隨之落幕。但正因為連載結束，所以才有集結成冊的提案，創造與消滅是一體兩面的關係。世上存在的微生物不可計數，而每個微生物都有它們的「故事」。所以，可以的話，其實我有自信能像《烏龍派出所》的作者秋本治老師一樣長期連載下去，但這樣的結束方式，不禁令我感到連上天都在告訴我「差不多該結束了」。

　在此特別感謝朝日新聞出版的岡本直里先生、石川美香子女士、井上和典先生、石川雅之老師，以及地上、水中的所有微生物們，因為你們才能讓這本書得以出版。

岩田健太郎

目　錄

第 3 培養基

第 4 培養基

第 5 培養基

第 6 培養基

超圖解 菌種 圖鑑

大家好，這裡是
《超圖解菌種圖鑑》。

A. oryzae
米麴菌

S. cerevisiae
釀酒酵母

P. chrysogenum
青黴菌

我們是在《農大菌物語》
這部漫畫中登場的
微生物。

《農大菌物語》是
以農業大學為舞台，講述
能用肉眼看見菌類的少年和
其夥伴間故事的輕鬆小品。

味噌　優格　醃黃蘿蔔

納豆　醋　麵包

香菇　酒

等等等等

登場的菌類是以
與發酵食品有關的
微生物們為主。

本書所挑選出來的則是在
祥和的《農大菌物語》中
很少登場，而且會對人類
造成危害的微生物們。

由感染症的專家
岩田健太郎醫師，
狠狠地教訓它們一頓。

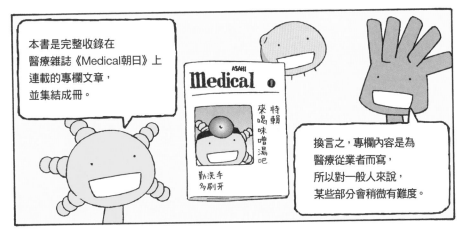

本書是完整收錄在醫療雜誌《Medical朝日》上連載的專欄文章，並集結成冊。

換言之，專欄內容是為醫療從業者而寫，所以對一般人來說，某些部分會稍微有難度。

不過，關於這一點不必擔心。

反正我們也看不懂！

那些部分醫師看得懂就好了，所以你可以假裝了解，一邊想著「當醫師真辛苦」，一邊順順地讀下去。

這樣的一本《超圖解菌種圖鑑》就要開始了。

一路順風

大家書尾再見！

本書集結了朝日新聞社暨朝日新聞出版所發行的《Medical朝日》上之專欄連載
（2011年1月號～2016年11月號），以及全新收錄之篇幅。

第

1

培養基

分成A、B、C三型

流行性感冒病毒
Influenza viruses

先把我們認錯

接著

又被當成贗品

這群

可惡的人類！

真可憐啊

H. influenzae

Influenza一詞是源自義大利文，意同英文的「influence」（影響）。影響指的是「天體的影響」，因為古人認為，Influenza（流行性感冒）是天體的作用及氣溫（寒冷）所造成的疾病。順帶一提，據說在阿拉伯文中是唸作「Anfulu・anza」。

目前，
A；16×9＝144

流行性感冒病毒是擁有八條單股RNA（核糖核酸）的RNA病毒。病毒的表面上有血球凝集素（hemagglutinin, H）和神經氨酸酶（neuraminidase, N），兩者皆為酵素。血球凝集素能幫助病毒附著在細胞上；相反的，神經氨酸酶則是在病毒離開宿主細胞時產生作用。兩者都被視為流行性感冒病毒的抗原，並根據此種亞型為病毒編號。

流行性感冒病毒分為A、B、C三型，其中A型和B型對人類有較高的致病性。尤其，A型因抗原變異性大，具有「antigenic shift（抗原移型）」，所以每隔數十年就會發生一次全球性的大流

行。這種全球性的流行病，又被稱之為「瘟疫（pandemic）」。

過去向病患解說時，我們都會說：「A型流感病毒的血球凝集素有15種，神經氨酸酶有9種，所有組合共135種（15×9）。」然而，最近（2005年）發現了第16種血球凝集素，因此變成共有144種。135有點難背，但144對我來說倒是很好記憶的數目（因為我生在鋼彈模型[注1]的世代），所以在解說時反而變得很輕鬆。不過，我當然是沒辦法像印度人一樣，用心算算出16×9的答案。有個我一直很想問，但其實超不重要的問題：為什麼鋼彈模型要採用1/144這種不上不下的縮小比例呢？

一開窗就會飛進來？

至於流感桿菌（流感嗜血桿菌）則是細菌，取這個名字是因為它過去被誤以為是造成流感的原因[注2]。學名為 *Haemophilus influenzae*，美國在臨床稱之為「*Haemophilus*」或「H. flu」。在日本，因為容易跟流感病毒混淆，在向病患說明時十分麻煩。真希望能有人來替它取個更好一點的名字。流行性感冒在英語圈中稱為「flu」，因此流感疫苗就叫做「flu shot」或「flu jab」。

1918年爆發的西班牙流感，屬於A型流感H1N1，據說幾千萬人因而喪命。當時，孩童間流行的「跳繩歌」是這麼唱的：

I had a little birdie.

His name was Enza.

I opened the window.

And in-flu-enza.

取「flu」和「flew」的諧音，讓最後一句聽起來像是：名為「Enza」的小鳥「飛了進來」（in flew Enza）。

關於流感，其診斷方式、治療藥物、疫苗及併發症（腦病變等），都能獨立成為十分引人入勝的主題，礙於文章有字數上的限制，難以一一介紹。硬要介紹的話，就會變成把結論說死的「論斷式說法」。然而關於流感，我們唯一可以肯定的結論是──沒有什麼是可以肯定的。關於疫苗、克流感是否有效的論述，也要視文章脈絡而定。在這裡只想跟大家分享一些就算斬釘截鐵地說死了，也不會得罪任何人、微不足道的話題。

注1 「機動戰士鋼彈」的模型。1980年，BANDAI推出「144分之1鋼彈」後，掀起一陣旋風。

注2 最近引發討論的Hib疫苗，是預防流感嗜血桿菌（*Haemophilus influenzae*）b型的疫苗。

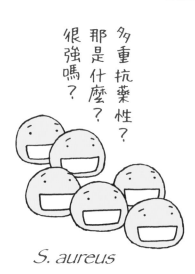

菌圖鑑

臨床感染界的橫綱

Colony. 1-2

金黃色葡萄球菌
Staphylococcus aureus

多重抗藥性？
那是什麼？
很強嗎？

過獎了。
我們只不過
伺機而動罷
了

S. aureus

MRSA

　　如果細菌的世界中也有番付表[注1]的話，那在漫畫《農大菌物語》的世界裡，大概就可視西橫綱為*Aspergillus oryzae*，東橫綱為*Saccharomyces cerevisiae*[注2]。

　　若是在臨床感染的世界裡，則金黃色葡萄球菌（*Staphylococcus aureus*）才是橫綱級的細菌。至於可以與之抗衡的，我想應該是A群鏈球菌（*Streptococcus pygenes*）（這只是我個人的想法而已，並非一般見解）。覺得他們最強，是根據兩者引起疾病的多樣性，以及給予病患的衝擊性來判斷的。

*S. aureus*擁有千變萬化的絕招

　　對急診室醫師而言，金黃色葡萄球菌是造成皮膚及軟組織感染的病因，例如蜂窩性組織炎。對小兒科醫師而言，與膿痂疹的形成有很深的關係。對骨科醫師而言，則會導致非常恐怖的化膿性關節炎或骨髓炎（尤其是脊椎炎），是種

十分駭人的細菌。對於循環系統的醫師而言，第一個想到的，應該是可憎的感染性心內膜炎（Infective endocarditis, IE）。IE就是由鏈球菌所引起的亞急性心內膜炎，是種會導致心臟瓣膜受到侵略且不斷壞死的棘手之症。

產生多重抗藥性的金黃色葡萄球菌稱為MRSA（嚴格來說並非如此，但這裡請別太在意）。感染管制專責人員、進行透析的腎臟內科醫師，恐怕經常得面對MRSA所引起的導管相關的血流感染的挑戰。MRSA經常在加護病房的插管患者身上，引發重度肺炎，神戶大學醫院的加護病房中，有2～3成的肺炎是由MRSA所引起。

罪大惡極？遭人冤枉？
MRSA的本性究竟為何？

MRSA也可說是經常遭冤枉、背黑鍋的可憐蟲。

尿中檢測出的MRSA，大多數都是無需治療的移生菌[注3]。曾經有人提倡名為「MRSA腸炎」的疾病概念，但這項概念至今仍未確立，大多數恐怕只是「在糞便中發現了MRSA」而已。近年，以日本為主的一些國家，開始提倡名為「MRSA腎病」的疾病概念，但仔細閱讀提出相關報告的論文，（有時也）會讓人忍不住質疑「真的假的？」。

到目前仍有一些長期療養機構，會因為從鼻內檢測出MRSA，就拒絕當事人入住。這令我不禁想操著鄉音說：

「冤枉啊大人！人不是MRSA殺的！」

最近，不止在醫院內，還在社區中發現MRSA，這種MRSA上具有名為PVL（Panton-Valentine leukocidin，日文為白血球破壞毒素）的酵素，有時會成為導致重度感染病的病源。MRSA給人的印象大概就是，平常是個很溫順又容易遭人誤解而被欺負的孩子，然而，一旦他們發飆時，就會變成誰也阻止不了的凶神惡煞⋯⋯。

對公共衛生方面的專門人士而言，金黃色葡萄球菌最出名的身分，就是造成食物中毒的致病菌[注4]。除此之外，金黃色葡萄球菌也有可能附著在女性的衛生棉條上，引發中毒性休克症候群[注5]。在嬰幼兒身上，則有可能導致金黃色葡萄球菌燙傷皮膚症候群（staphylococcal scalded skin syndrome, SSSS），罹患此種疾病的患者會出現大面積的脫皮。

唉呀呀，金黃色葡萄球菌，你們真不愧是細菌中的橫綱啊。

注1　相撲力士的排名表，每個位階都會分東西兩組，最高的位階為橫綱。
注2　*A. oryzae*是釀製酒、味噌、醬油等的米麴菌。*S. cerevisiae*是釀酒酵母菌。在漫畫《農大菌物語》中，兩者互相爭奪登場頻率冠軍的寶座。
注3　移生（colonization）是指細菌雖群聚繁殖，但不會入侵組織造成感染。
注4　尤其在夏天的便當店裡，要特別小心。
注5　Toxic shock syndrome。會造成年輕健康的女性猝死，因此非常棘手。

給患者致命一擊的「送行者」

鮑氏不動桿菌
Acinetobacter baumannii

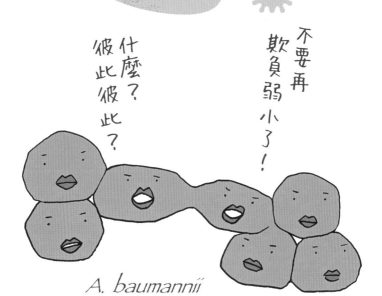

彼此彼此？

什麼？

不要再欺負弱小了！

A. baumannii

　　2010年，「多重抗藥性鮑氏不動桿菌院內感染！」的報導，在各大媒體上喧騰一時。雖然報導得如此之大，卻搞不清楚問題究竟是什麼。日本有句俗話說「流言最多傳七十五天」。果真，這件事到最後也沒人再提起了。但這樣真的好嗎？

　　鮑氏不動桿菌（*Acinetobacter baumannii*）是革蘭氏陰性菌。所謂革蘭氏陰性菌，是指經過革蘭氏染色後，會呈現紅色的細菌。

　　順帶一提，「革蘭氏」一詞是來自這種染色法的創始人漢斯‧Ｃ‧Ｊ‧革蘭（Hans C. J. Gram）的姓氏。對於你未來人生毫無用處的博學小講座，就到此為止。

不是殺手，是送行者。

　　一般來說，廚房、廁所等潮濕的空

間，會有很多革蘭氏陰性菌，但鮑氏不動桿菌即使在較乾燥的地方也能繁殖。簡直就跟革蘭氏陽性菌（Gram-positive bacteria）[注1]一樣。因此，鮑氏不動桿菌得到了一個彆扭的綽號——「革蘭氏陽性菌般的革蘭氏陰性菌」。我們醫院的實習醫師說鮑氏不動桿菌是「微生物界的貴婦松子[注2]」，但我完全聽不懂這是什麼哏。

鮑氏不動桿菌是種致病力相當弱的細菌，極少引發感染症，但在容易被感染的高齡者、免疫抑制患者，或罹患腎功能衰竭、心臟衰竭等疾病的患者身上，就會引發肺炎、敗血症等感染症。說穿了就是一種只會欺負弱小、行徑卑劣的細菌。

因此，它們經常會在住院的病患身上引發疾病。而且，絕大部分都是在因為原本的疾病，已經虛弱到命在旦夕的病患身上發生感染，等於是給這些病患最後的「致命一擊」。換言之，感染鮑氏不動桿菌而往生的患者，大多都是早晚會死於自身原有疾病的病患。這就是鮑氏不動桿菌之所以被稱為「送行者」的緣故。

當媒體報出「患者因為感染鮑氏不動桿菌而死亡」時，給人的印象是醫院裡好像陷入了什麼不得了的恐怖事態。其實不是這樣的。讓無法避免死亡的患者提早過世，只是使死亡方式產生了微幅的改變而已。媒體過於簡化的報導方式，需要多多注意。

無法簡單歸成兩類？

1990年代起，美國等許多國家都出現了鮑氏不動桿菌產生抗藥性的問題。2009年，出現在帝京大學醫院的就是這種細菌。因為藥物無法對付，因此可說是相當可怕的細菌。但它們除了欺負弱小什麼都不會，所以其實也不怎麼可怕。細菌是無法簡單地歸類成「可怕」或「不可怕」的。

現存於日本的抗菌藥，都無法對抗多重抗藥性鮑氏不動桿菌的感染症。這是因為日本就是遲遲不肯核准患者所需要的抗菌藥。日本對於抗菌藥的做法，該是需要根本性解決對策的時候了。

對了對了，拙著《腦袋變成毒蘋果的年輕人與王國的故事》（暫譯，插畫・土井由紀子，中外醫學社）中，對於根本性的解決對策有詳細的說明，現正絕讚發售中[注3]。若想了解是什麼樣的本質，讓感染症無法簡單分成兩類的話，就千萬不能錯過。

注1 能耐乾燥而一直存在於人類周遭的細菌，像是金黃色葡萄球菌等，多數都是革蘭氏陽性菌。
注2 女裝巨漢的專欄作家。其發言既有愛又毒舌，因而成為一個破格性的存在，並因此博得人氣。
注3 《為基層醫療醫師所寫的抗菌藥講座》（暫譯，南江堂）也絕讚發售中！

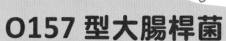
紅通通的水便與腎功能衰竭的原因

O157型大腸桿菌
Enterohemorrhagic *E.coli* 〔O157〕

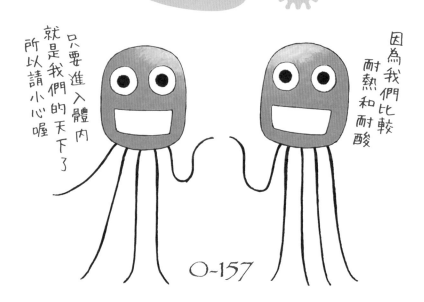

只要進入體內就是我們的天下了所以請小心喔

因為我們比較耐熱和耐酸

O-157

　　O157型大腸桿菌（簡稱O157），指的是大腸桿菌（*E. coli*）中，擁有特殊的O抗原O157和H抗原H7的細菌。O抗原是位在細胞壁上，H抗原則是位在鞭毛上。

　　順帶一提（其實這整本書寫的東西，都像是順帶一提的東西啦），O157的「O」，是德文「Ohne（沒有～）」的意思，指的是不具有莢膜（capsule）的大腸桿菌。具有莢膜的大腸桿菌，則

稱作K（Kapsel）。

　　在美國，稱為O157:H7（O-one-five-seven-H-seven），沒有什麼名字比這更長更難唸的了。此外，也常被稱作EHEC（enterohemorrhagic *E. coli*），這是指所有會製造出志賀氏毒素（Shiga toxin，在日本也常常被稱作「佛羅毒素」）的大腸桿菌、腸道出血性大腸桿菌。

　　O157是個大問題，因為它們會造

成出血性腹瀉。真的會讓人拉出紅通通的水便。不僅如此，它們也會造成溶血性尿毒症候群（hemolytic uremic syndrome, HUS），是腎功能衰竭的重要病因。因此這種細菌相當棘手。

主要的感染途徑為「食物」

O157在日本的法規中，屬於必須要通報的第三類感染症。它們會藉由肉類、蔬菜、水果等各種食物造成感染。

漫畫《農大菌物語》中，能用肉眼看見細菌的主角・澤木惣右衛門直保，曾在校內提供的食物裡發現O157，引起小小的騷動（那部漫畫裡是不可能出現「大」騷動的）。雖然澤木擁有「看得見細菌」這種令人羨慕的能力（如果我有這種能力的話，我也是感染科名醫了），但他如何能從其他大腸菌中辨識出O157，這至今還是個謎團（是因為穿著不同嗎？）。

順帶一提（又來了），1996年在大阪府堺市，也就是《農大菌物語》的作者石川雅之先生的出身地，曾因爆發O157的大感染而喧騰一時[注1]。當時的日本厚生省[注2]放出消息說「原因是蘿蔔芽」，使得蘿蔔芽農家蒙受損失。當時的厚生大臣，也就是現今的首相，為了補救此事，而在電視上鼓著兩頰，一臉美味地咀嚼著蘿蔔芽（現今的首相，是以撰寫本文的時點而言。解釋來解釋去好麻煩啊）。

至今未找出有效的治療方式

關於O157所引起的出血性腹瀉或HUS該如何治療，這個問題至今尚未解決，現在仍沒有一個公認的有效方法。本書對於帶有火藥味的主題，皆採取一貫的遠離政策，所以對於氟氯〇林我一概不予置評。請多包涵！

注1 1996年7月，大阪府堺市發生了超過9000名患者的集體感染，未找出感染源（堺市公布）。
注2 日本厚生省相當於台灣的衛生署，厚生大臣則相當於衛生署長。

因為屬性讓菌種名稱超混亂

A群鏈球菌
Streptococcus pyogenes

Colony. 1-5

我們會馬不停蹄介紹各種細菌和病毒喔

不行！

可以讓我住在你的身體裡嗎？

S. pyogenes

對我個人而言，細菌界裡的西橫綱是A群鏈球菌（參照第14頁）。

這種細菌的名稱非常複雜。因為是 β 溶血性（用血液洋菜培養基進行溶血反應時，會呈現透明），所以又叫做「β 溶血性鏈球菌」。因為是連成一串的球菌，所以是鏈球菌。其血清型屬於A型，所以是A群。真正的菌名為 *Streptococcus pyogenes*。因其形態、化學反應等的各種屬性，而衍生出一堆不同的稱呼。這就像是三浦知良[注1]，一下被稱作阿知（Kazu），一下被稱作大王（King）一樣，請各位見諒（不過，這也不該由我來道歉就是了）。

多樣而複雜的臨床表徵

A群鏈球菌的臨床表徵，比它們的名稱還複雜。

最廣為人知的，就是咽頭的感染

症和軟組織的感染症。急性咽炎常為病毒性，或由鏈球菌所引發。有一種稱為Center criteria的計分方式，能計算出咽炎由鏈球菌引發的可能性。簡言之，其典型情況為好發於孩童，不會出現咳嗽，但會出現發高燒、前頸部淋巴結腫大、喉嚨紅腫且有白苔等徵象。事實上，就臨床而言，即使喉嚨上長了厚厚一層白苔，也只有六成是由鏈球菌所引起。我們無法光靠身體檢查來判斷咽炎是否為鏈球菌所引起，此時就必須透過快速檢測或培養來確定。

而軟組織的感染症，包括膿痂疹、丹毒（皮膚紅斑）、蜂窩性組織炎、壞死性筋膜炎（很恐怖！）、肌炎等各種疾病，有時還會伴隨發生中毒性休克症候群（toxic shock syndrome, TSS）。它們也是猩紅熱以及分娩後的產褥熱的病因。在美國，曾經有麻醉科醫師身上移生有A群鏈球菌，而造成院內感染大流行，並成為轟動一時的話題[注2]。

受到A群鏈球菌的感染，有時會引發腎絲球腎炎，也有可能引發風濕熱。風濕熱在已開發國家很罕見，但在開發中國家仍十分常見。這是一種複雜的自體免疫性疾病，會引發結節性紅斑、舞蹈症、心肌炎等多樣化的症狀。過去，A群鏈球菌是引起二尖瓣狹窄（mitral stenosis, MS）的最大原因。順帶一提，聽到「MS」，你會想到什麼呢？有時可以透過這種方式來了解醫師的屬性。至於我想到的是Mobile Suit[注3]。

風濕熱只會發生在罹患咽炎之後，軟組織的感染症絕對不會引發風濕熱……據說是如此。順帶一提，一般認為抗菌藥無法預防腎絲球腎炎。

青黴素G是首選藥物

A群鏈球菌就是具有如此多樣化的臨床表徵。所以現在各位應該已經明白，為何稱它們為橫綱也不為過了吧。幸運的是，本菌對青黴素（Penicillin）有著100％的敏感度，青黴素G是首選藥物。

順帶一提，鋼彈系列中我最喜歡的反而不是第一代鋼彈，而是「∀」[注4]，很意外吧。

注1　在日本家喻戶曉的職業足球員。2017年1月當時，是日本現役選手中最年長的。

注2　Paul SM et al：Infect Control Hosp Epidemiol 11（12）：643-646, 1990

注3　出現在鋼彈系列作品中，架空的人型機械兵器。

注4　鋼彈的「∀」，是數理邏輯學中使用的全稱量化的符號。

Colony. 1-6

與知名足球員出乎意料的關係
脊髓灰質炎病毒
Poliovirus

根本在打廣告

※農大菌物語
請多指教

這個問題就交給岩田醫師來解決吧！

為人父母的必經之路「要幫孩子接種小兒麻痺疫苗嗎？」

予防接種は「効く」のか？

※預防接種「有效」嗎？

脊髓灰質炎病毒

Poliomyelitis簡稱polio，在日文稱作「急性灰白髓炎」或「小兒麻痺」，中文則稱作「脊髓灰質炎」或「小兒麻痺症」。日文的「灰白」指的是「灰白質」，中文稱作「灰質」（拉丁文為substantia grisea，英文為gray matter）。「Polio」是來自於希臘文中有「灰色」之意的「polios」一詞。順帶一提，為何gray在日文裡會變成「灰白色」，實在令人百思不得其解。根據我手

邊《大辭林》的解釋，「灰白色」是指「接近白色的亮灰色」。譯為「灰色」明明就更簡單易懂。

脊髓灰質炎病毒是一種會引發小兒麻痺症的RNA病毒，它們是能在人體上造成疾病的最小的病毒之一（直徑27奈米。奈米是微米的1000分之1，多數細菌的直徑都是數微米。所以，病毒的體積小到連光學顯微鏡都看不到[注1]）。

只要攝取了遭此種病毒汙染的飲

用水或食物，它們就會在咽頭或消化道淋巴結內繁殖增生。有時會引發血流感染，造成腦膜炎。若進一步感染到脊髓的灰質，就會引起非對稱性的麻痺。

雖然加林查的盤球勢不可當

罹患小兒麻痺症的名人，包括了美國第32代總統富蘭克林・D・羅斯福（Franklin D. Roosevelt）。在世的名人則有加林查（Garrincha）[注2]，一提到巴西歷代最優秀的足球員，就常會提到他的名字。加林查的雙腳雖然受到小兒麻痺後遺症影響，但他腳下的盤球無人能阻擋。

雖然加林查的盤球無人能阻擋，但小兒麻痺症的流行，是可以靠疫苗阻擋的。能阻擋小兒麻痺症流行的，就是沙克所開發的非活性疫苗，以及沙賓所開發的口服型活性減毒疫苗。

在日本，小兒麻痺症曾流行於1960年的北海道夕張市等地，許多兒童罹病。日本當時雖然有非活性疫苗，但因非活性疫苗需要分多次施打，而追趕不上疾病流行的速度。因此，當時的古井喜實厚生大臣做出了一項特殊的決定（就算是現在，這個決定仍十分破格），那就是緊急向前蘇聯等國進口活性減毒疫苗。在活性減毒疫苗的幫助下，日本成功抑制了小兒麻痺症的流行。到了1980年代，日本已經沒有從自然界中感染小兒麻痺症的患者了。

無法改成非活性疫苗是因為「大人的種種內情」？

拯救了日本的活性減毒疫苗，卻在日本造成了問題。因為活性減毒疫苗本身就會引發小兒麻痺症。

在疾病流行時，這是不會造成問題的「罕見」副作用，然而當自然發病率降到零的時候，這個副作用就會變成一大問題。因此，已開發國家便將曾廣為施打的活性減毒疫苗，改成了非活性疫苗。日本（在撰寫本文當時）則因「大人的種種內情」，而無法改變成非活性疫苗[注3]。關於「大人的種種內情」，請閱讀拙著《預防接種「有效」嗎？ 思考關於對疫苗的抗拒》（暫譯，光文社）……那麼，這次的專欄就在廣告中落幕。

注1 　光學顯微鏡最多只能看到200奈米左右。

注2 　加林查本名為Manoel Francisco dos Santos。是兩度以巴西足球代表身分，幫助巴西隊稱霸世界盃的傳奇盤球王。

注3 　2012年9月起，日本在定期接種疫苗中，導入了去活性小兒麻痺單一疫苗。11月起，又導入了四合一疫苗（三合一疫苗加上去活性小兒麻痺單一疫苗）。

細菌產生出的毒素十分危險

破傷風梭菌
Clostridium tetani

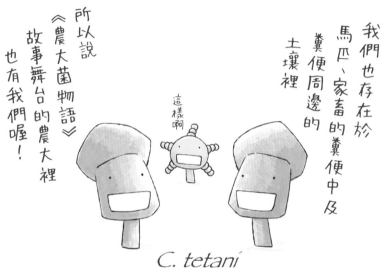

所以說《農大菌物語》故事舞台的農大裡也有我們喔!

這樣啊

我們也存在於馬匹、家畜的糞便中及糞便周邊的土壤裡

C. tetani

破傷風是一種既是又「不像」感染症的疾病。換言之,其炎症反應的徵象(發燒、發紅、腫脹、疼痛)是看不出原則性的。病因的破傷風梭菌,學名是 *Clostridium tetani*。破傷風的英文則叫做tetanus。

神經毒素使肌肉不斷收縮,身體無法放鬆、不停抽搐

事實上,不是破傷風梭菌本身造成疾病,而是細菌所產生的毒素在製造問題。破傷風梭菌是存在於土壤中的厭氧菌,它們會透過皮膚上的傷口進入人體。此時產生的毒素(破傷風痙攣毒素,Tetanospasmin),是一種神經毒素。

從名稱來看,就看得出這是一種會引發痙攣[注1]的毒素,而實際上也是如此。毒素會透過運動神經的軸突,在神經肌肉接合處發生作用。會發生什麼樣

的作用呢？

　　毒素會造成患者無法抑制肌肉收縮。於是肌肉不斷收縮、無法放鬆，身體不停抽搐。臉部會因抽搐產生好像很僵硬、好像在笑（但眼睛又好像沒在笑）的表情，這就是罹患破傷風後的典型表情。背肌會向外彎曲，只要受到一點聲光的刺激，肌肉就會出現顫抖。置之不理的話，甚至有可能發展成無法呼吸或吞嚥，乃至死亡，因此是一種十分棘手的疾病。

　　只要曾見過一次破傷風患者，要診斷出破傷風，其實是相對容易的。但若不曾遇過（雖然破傷風並非稀少到十分罕見的疾病），就會變得相當困難。印象中，會使肌力急速下降的疾病還不少（格林－巴利症候群〔Guillain-Barre syndrome〕、肉毒桿菌中毒、重症肌無力症等等），但會使肌肉持續收縮的疾病就不多了（難辨疾病為番木鱉鹼中毒），因此可以從這個方向來診斷。

發生天然災害時要特別注意

　　破傷風常見於開發中國家，尤其經常發生在孩童身上；在已開發國家中，有時也會因為在鄉下種田時，被鋤頭或鐮刀劃破傷口，而感染破傷風。再者，像是這次（2011年3月11日的東日本大地震）的地震、海嘯等天然災害發生時，如果有看起來像是被土壤汙染的外傷，就很可能感染破傷風。

　　破傷風的治療是以肌肉放鬆、呼吸照護等全身照護為主，但在資源匱乏的受災地區發病的話，在照顧管理上就會變得十分不易。

雖然基本上是預防……

　　由上述可知，最好的做法就是不要得到破傷風。

　　在破傷風的預防上，破傷風類毒素預防接種和破傷風免疫球蛋白兩者都可以使用。1968年，日本才將含有破傷風疫苗的三合一混合疫苗（DPT）[注2]列入定期接種。因此，許多老一輩的人對於破傷風沒有免疫。

　　因為寫稿的時期和心境，結果寫出一點都不好玩的內容。石川老師，剩下的就麻煩你了。

注1　spasm，指肌肉具有過度作用的伸張反射。
注2　預防破傷風、白喉、百日咳三種病原菌的混合疫苗。

因生拌牛肉事件而大受矚目

病原性大腸桿菌
Enterohemorrhagic *E.coli*〔O111〕

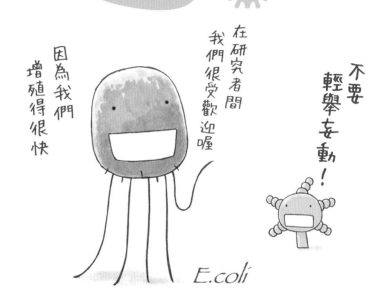

不要輕舉妄動！

因為我們增殖得很快

我們很受歡迎喔

在研究者間

E.coli

　　原本，這本書的原則應該是一篇一種微生物，但這次請讓我破個例。前面已經介紹過O157型大腸桿菌（第18頁），但本篇講的也是病原性大腸桿菌（Enterohemorrhagic *E.coli*, EHEC）。

連鎖烤肉店食物中毒問題的癥結為何？

　　2011年4月病原性大腸桿菌O111

引起集體食物中毒[注1]，造成4人死亡。一般認為，原因是出在烤肉店的生拌牛肉上。就算不是O157，只要是會製造出佛羅毒素（verotoxin, VT）[注2]的病原性大腸桿菌，就能引起溶血性尿毒症候群（hemolytic uremic syndrome, HUS）。

　　生拌牛肉事件在媒體上喧騰一時，然而問題的癥結究竟是什麼呢？因為社長下跪道歉的風波，使得連鎖烤肉店完

全成了事件中的壞人。但真的是他們的錯嗎？還是說，應該歸因於供應牛肉的批發業者？

恐怕，大腸桿菌在被屠宰前，就已經移生在牛隻體內了。如此一來，責任應該歸咎於供應牛肉的畜產業者嗎？還是說，要歸罪於負有監督檢查責任的衛生所或厚生勞動省？不對，要究責的話，是否該怪罪讓老人、小孩吃生肉的家人？或者，這根本是大腸桿菌本身的罪過？

在感染症的世界觀中「尋找犯人」是不成立的

如上所述，如果對於「食物中毒」這個現象，以尋找犯人的觀點討論「是誰的錯」，就會讓整件事情變得剪不斷理還亂，到最後也弄不清楚結論為何。

感染症是病原體進入人體內後，引發疾病的現象，在這種現象中並不存在「惡意」，它就只是「現象」而已。（我個人認為）用手指著某個特定的人抨擊「就是他的錯」，這種世界觀在感染症的世界中無法成立。

現在，社會已產生杯弓蛇影的效應，有人開始呼籲「不能再吃生拌牛肉」，但病原性大腸桿菌其實不是什麼美食家，對「食品」並不挑。

在美國，漢堡會造成病原性大腸桿菌的爆發。因為不只是「生」拌牛肉，一分熟或三分熟的肉品，也有可能藏有大腸桿菌。

像是菠菜等的蔬菜、覆盆子之類的水果，也會傳播病原性大腸桿菌。所以我們連生蔬菜、生水果（？），也要全面否定嗎？

日本的食品安全是掛保證的!?

生拌牛肉事件讓我們了解了一件事，那就是——反過來說，日本的食品真的安全無比。在美國，每年每6個國民中就有1人發生食物中毒，並造成約3000人死亡。在日本，食物中毒的死亡人數每年都在10人以下，兩者差距甚大。

媒體之所以大肆報導，是因為這種事件十分罕見。不然，日本每年都有超過3萬人自殺，你有看過媒體在大肆報導的嗎？

「媒體會大肆報導。」

這就是對於日本飲食安全性，最有力的背書。

石川雅之老師，真抱歉，又讓你再畫一次同樣的東西。

注1　在富山縣礪波市的連鎖烤肉店中，吃了生拌牛肉等餐點的男童等人死亡。4名死者的體內都驗出了大腸桿菌O111。
注2　也就是志賀氏毒素（Shiga toxin）（詳情參照第18頁）。

菌圖鑑

當日本境內發現時，全國陷入恐慌

Colony. 1-9

人類免疫缺乏病毒
Human immunodeficiency virus

後天免疫缺乏症候群，英文是Acquired Immune Deficiency Syndrome，簡稱為AIDS（愛滋病）。引起這種疾病的病原體則是human immunodeficiency virus（人類免疫缺乏病毒），取第一個字母的縮寫，簡稱為HIV。

「愛滋病」的存在，是在1981年[注1]被確認。距離今日（撰寫本文時）已過了30個年頭。所以，不如就趁現在來為大家稍微回顧一下。

回顧1987年的「愛滋恐慌」

在日本，起初愛滋病多半是經由血液製劑傳染，其中受感染的血友病患者特別多[注2]。當時，許多男同性戀者感染愛滋病也是廣為人知的事。

1987年1月，在神戶市首次發現女性愛滋病患者，神戶因此陷入「愛滋恐慌」[注3]。

日本厚生省（當時）的愛滋病對策專家會議的鹽川優一委員長（當時），做出聲明指出「不止部分的男同性戀者，過著一般生活的人也出現了罹病的風險」（摘自朝日新聞1987年1月18日早報）。

同日，兵庫縣申請將愛滋病追加列為法定感染症，1月19日的朝日新聞社論中寫道「比過去所知的任何傳染性疾病都更加惡質」、「要防止愛滋病的蔓延，就必須讓國民知道其恐怖性，目前除此之外別無他法」。

19日當天，橫須賀市舉辦了愛滋病講習活動，會場「超客滿」、「盛況空前」（朝日新聞同年1月20日早報）。24日，神戶市舉辦了以醫護人員為對象的研討會，這場研討會也締造了約1000人到場參加的盛況。兵庫縣的愛滋病諮詢，在數日間就超過了1萬人次。

簡言之，專家、行政負責者、地方政府、媒體、醫護人員，以及當地居民，全都倉惶失措、亂了手腳。

即使沒人大聲嚷嚷 感染者還是不斷增加

1987年，在朝日新聞上，使用「愛滋病」一詞的報導共有549件。2009年則是212件。順帶一提，2009年新增加的HIV感染人數為1021人。我手邊沒有1987年的數據，但到1988年為止的累計感染人數則為78人。

1990年代起，在日本的HIV感染者的通報數量一直不斷增加[注4]。每年數據都有些微不同，但沒有任何決定性的徵兆指出感染人數正在減少。再者，日本也沒有實施任何根本性的對策，來促使感染者減少。我們醫院也不斷有新患者介紹進來。

沒有人在大聲嚷嚷的問題，才是我們該積極處理的問題。糟糕，又變成沒笑點的文章了……

注1　1981年6月，美國洛杉磯出現全球首宗通報的愛滋病患者。

注2　1980年代，主要是因為用非加熱製劑對血友病患者進行治療，而造成許多HIV感染者及愛滋病患者。

注3　厚生省（當時）將一名定居於神戶市的29歲女性，認定為日本第一個女性愛滋病患者後，便在當地造成恐慌，這也就是所謂的「神戶事件」。

注4　2010年的HIV感染者的通報數量為1075件，比前一年增加54件，是歷來第3高的數字。AIDS患者通報數量為469件，刷新了歷來最高數量。2015年的新通報數量，HIV感染者為1006件，AIDS患者為428件，合計1434件。2007年以後，數量開始呈現持平的狀態。

感染一次就一生擁有

B 型肝炎病毒
Hepatitis B virus

待在這裡
好像也沒關係
那我增生
應該也沒問題囉

日本
這樣好嗎！

B型肝炎病毒

「乙型肝炎」……其實也沒有像它的名稱那樣辛苦[注1]。

乙型肝炎指的就是B型肝炎。因為中國會將A、B、C翻譯成甲、乙、丙。日文中也有十二地支、天干地支的說法，這些都是從中國傳入日本的。在中國，B型肝炎病毒（hepatitis B virus, HBV）的帶原者，據說超過1億人以上。我在北京的診所看診時，經常遇到日本駐中的上班族，因為去了色情場所而感染急性B型肝炎。

B型肝炎會一生擁有……？

B型肝炎會經由輸血、性行為傳染，也會在生產時因為母親是帶原者而傳染給孩子（垂直感染）。B型肝炎病毒會引起急性肝炎，同時也是造成慢性肝炎、肝硬化、肝細胞癌的病因。也有可能一直沒有症狀出現，而變成一名帶原者。

過去，在發生急性肝炎後，只要產生了表面抗體（hepatitis B surface antibody, HBsAb），就會被認為「已痊癒」，但最近的研究則認為並非如此。即使產生了抗體，血液中也不存在病毒，但病毒還是會一直停留在肝細胞中。若接受癌症的化學療法造成免疫力下降的話，被認為「已痊癒」的B型肝炎就有可能捲土重來，造成肝功能的惡化。

看來我們最好有這樣的認知：「B型肝炎病毒只要感染一次就一生擁有」。換言之，「Once HBV, always HBV」。

基因型A的水平感染增加

一直以來，對於B型肝炎的感染途徑，日本只重視從母親到孩子的垂直感染，而幾乎無視性行為所產生的水平感染。但近年來，日本因為容易造成水平感染、慢性感染化的外來種「基因型A」逐漸增加，而突然開始宣導水平感染的風險。

B型肝炎之下還有子分類，這是透過基因所進行的分類。子分類也是分成A、B、C，所以名稱就會像是「B型肝炎的基因型A」，實在是令人混淆不清的分類。

不過，若要說日本過去沒有水平感染，我認為事實並非如此。比方說，單看透過性行為而感染HIV，又同時感染了HBV的患者，其中確實是基因型A的

帶原者占多數，但其中也不乏基因型C[注2]的帶原者。若說他們的B型肝炎都是透過母親垂直感染而來，又碰巧透過水平感染成為HIV帶原者，這種解釋也未免太過於自說自話了吧[注3]。基因型C也會造成水平感染（雖然頻率較低），而且也會在感染後轉為慢性化，這才是比較合理的解釋。

日本的B型肝炎帶原者超過100萬人

為了預防感染，絕大多數的國家都鼓勵為「所有」嬰兒，接種B型肝炎疫苗，但在日本卻以「水平感染很罕見」為由，到現在（撰寫本文時）為止，都尚未將B型肝炎疫苗列入定期接種的疫苗中。在日本，據說有超過100萬名以上的B型肝炎帶原者。要將其撲滅，理論上是有可能的，只是日本對這件事並未認真看待[注4]。

注1　「乙」在日本網路用語中有「辛苦了」之意。
注2　原為較多日本人罹患的類型。雖然原本認為，在成人後感染鮮少會變成帶原者……。
注3　Shibayama T, Masuda G et al：Journal of Medical Virology 76：24-32, 2005
注4　2016年10月1日起，終於列入定期接種的疫苗中，但接種對象是2016年4月1日以後出生的0歲嬰兒，在這之前出生的兒童，則維持自願性接種。

全球人口的3分之1受到感染

結核桿菌
Mycobacterium tuberculosis

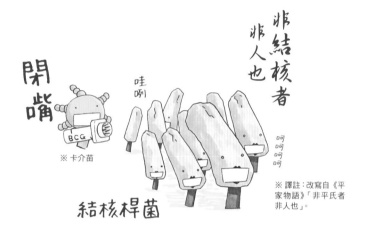

開嘴

哇咧

※卡介苗

BCG

結核桿菌

非結核者
非人也

呵呵呵呵

※譯註：改寫自《平家物語》「非平氏者非人也」。

　　在上一篇文章（第30頁「B型肝炎病毒」）中，我曾提到「在中國經常遇到急性B型肝炎的病人」，不過說實在的，結核病（tuberculosis）的病人也很多。那裡的醫師在診斷結核病方面已經成精了，連我看起來極為正常的胸部X光照片，他們都能斬釘截鐵地說：「這是肺結核。」

　　「咦？患者沒有臨床症狀，年輕力壯，又沒有潛在疾病，而且只是來做健康檢查而已，不會是肺結核吧……」當我一邊這麼說，一邊不情不願地進行痰液抹片檢查後，果不其然，呈現陽性反應。正是肺結核，一點也沒錯。

　　值得深思的是，據說開抗結核藥加以治療後，患者變得愈來愈有精神，體重也逐漸增加，還說：「我本來以為自己只是工作太累了。沒想到我原來應該是這麼健康的。」看來患者沒說，並不表示就一定沒有症狀。

要小心粗糙的排除診斷法！

　　「一看到人，就要先認為他有結核

病。」我經常這樣告訴我的實習醫師，這可不是隨便說說的。

　　結核病的症狀非常廣泛，想要透過症狀來斷定「這樣一定不是結核病」、「那樣一定不是結核病」是十分困難的。結核病是慢性疾病，所以急性發病的話就不是吧……像這種判斷方式就行不通。當然，任何慢性疾病在剛發病時，都是「急性期」。正如同再怎麼資深的老手，在成為老手前都是一名新手。原以為是社區型肺炎，結果卻是結核病……這樣的例子不勝枚舉[注1]。此外，遇到這樣的狀況時，若輕易開出具有抗結核作用的氟喹諾酮（fluoroquinolone）的話，就會使診斷延遲2週，因此必須十分小心[注2]。

　　全球人口約3分之1都感染了結核桿菌（*Mycobacterium tuberculosis*）。根據世界衛生組織的數據指出，中國在2015年的結核病發病率（一年間在每10萬人口中新發現結核病患者所占的人數）為67[注3]。我們可沒有資格隔岸觀火地想說：「哎呀呀，中國還真嚴重。」日本的發病率確實只有20左右（這在已開發國家還算是多的），但各個地區間的差距懸殊。例如大阪市西成區的發病率，就高達200（撰寫本文時）[注4]。這個數字幾乎跟孟加拉國的發病率一樣。

著名的「維納斯」也得了結核病？

　　罹患了結核病，體重會減輕，臉色會因貧血而變得蒼白，發燒會造成臉頰潮紅，能量的消耗會造成眼周消瘦，使得眼睛看起來變得又大又圓，於是看起來就像一個擁有一副水汪汪大眼，但又眼神呆滯的美人。波提且利（Sandro Botticelli）的〈維納斯的誕生〉是以一個名叫西蒙內塔的女性作為模特兒，她當時也罹患了結核病。

　　結核病既唯美又頹廢，總是帶給我一種正面肯定的印象，最典型的例子就是湯瑪斯・曼的《魔山》。也因此，對於這個高感染性的疾病，全球至今仍未祭出充分的防治對策。

　　另一方面，同樣是耐酸菌，但感染性遠低於結核桿菌的麻風桿菌（*Mycobacterium leprae*），則是因為患者的外貌帶給人的印象，所以很長的一段時間一直被施以不必要的隔離（甚至到今日）。人總是被外貌蒙騙。

注1　Schlossberg D：Acute tuberculosis：Infect Dis Clin North Am 24：139-146, 2010
注2　Dooley KE, Golub J et al：Empiric treatment of community-acquired pneumonia with fluoroquinolones, and delays in the treatment of tuberculosis：Clin Infect Dis 34：1607-1612, 2002
注3　摘自WHO各國結核病統計（2015年）https://www.who.int/tb/country/data/profiles/en
注4　大阪市衛生所：大阪市的結核病「平成26年結核病發生動向調查年報統計結果」，2015

因性病而廣為人知

梅毒螺旋體
Treponema pallidum

很抱歉，你不適合在農大菌物語中登場

超占空間

唉

T. pallidum

有關梅毒螺旋體（*Treponema pallidum*）的故事多不勝數。其中想跟各位聊聊的，也不在少數。到底該在這字數內談些什麼呢？對了，就從黑澤明講起吧。

從黑澤明電影看60年前的梅毒

黑澤明1949年的作品《靜靜的決鬥》，是由三船敏郎、志村喬等家喻戶曉的演員演出的電影，梅毒在片中具有十分重要的意義。

三船敏郎飾演的主人翁，是一名戰地醫師，他在進行手術時，因患者的血液進入自己的傷口，而感染了梅毒。因為戰爭中無法好好照料自己的身體，所以讓病情「拖延了」。之後，他用灑爾佛散（salvarsan）注1加以治療，但梅毒華氏反應（Wassermann reaction）注2卻仍舊呈現陽性。主人翁對於自己的體內帶有

梅毒螺旋體感到十分苦惱，因而向未婚妻提出解除婚約，但卻連理由都說不出口。

不過，不能否認的是，在21世紀的今天，回過頭來看這部電影時，不禁要對主人翁過於克己禁慾，感到一點點「退避三舍」。對於黑澤明電影特有的「熱血過頭」的登場人物，我個人是沒有什麼共鳴（我最喜歡的黑澤明電影，是有很多冷酷又極端懷疑主義角色的《大鏢客》）。但這不過是個人偏好的問題罷了。

灑爾佛散與秦佐八郎的百年

看了這部電影，可能會想說：「看來灑爾佛散的梅毒治療效果也不怎麼好嘛……。」事實上，即使使用了灑爾佛散，梅毒也經常會再次發作，對於像是神經性梅毒（neurosyphilis）的重症型梅毒，效果也十分有限[注3]。

灑爾佛散的效果，是在1910年於德國的學會中發表，美國學術界則是在恰好100年前的1911年首次公開[注3]。比發現青黴素的1928年還要早上許多，同時灑爾佛散也為人類敲開了抗菌藥時代的大門。

和保羅‧埃爾利希（Paul Ehrlich）同心協力開發出灑爾佛散的是，身為日本人的秦佐八郎。他跟我一樣，都是出生於島根縣[注4]。

可惜的是，含有砷的灑爾佛散毒性過強，因此現代醫學不再使用。梅毒的治療藥物由後起之秀的青黴素取而代之，而且在效果與副作用上，都比灑爾佛散優異許多。

然而，沒有人敲開大門，就不會有後起之秀。多虧有埃爾利希與秦佐八郎的投入，才讓人類首度知道，原來會殺死病原微生物的化學物質，能對感染症的治療產生貢獻。所有故事都是從這段故事開始的。

比起微生物界的巨人們……像是北里柴三郎、志賀潔、野口英世等人，秦佐八郎的知名度低上許多，令人感到與他的功績不成正比。但最近在日文版的維基百科上，終於能看到秦佐八郎的資訊了。在經過了一百多年後的今天，他的功績其實值得我們給予更多的肯定。

注1　最早的化學療法藥劑，當時有梅毒的特效藥之稱。商標名。

注2　梅毒的血清診斷法。

注3　Sepkowitz KA：One hundred years of Salvarsan：N Engl J Med 365 (4)：291-293, 2011

注4　島根縣益田市「介紹秦佐八郎博士的偉大人生」http://www.city.masuda. lg.jp/soshiki/57/780.html、岩田健太郎《灑爾佛散戰記》（暫譯，光文社新書）

第

培養基

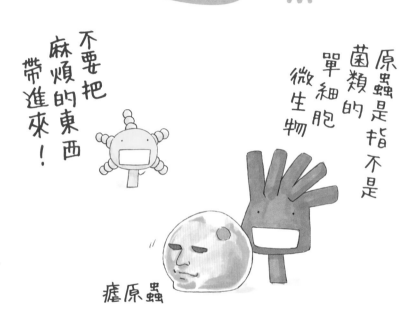

不要把麻煩的東西帶進來！

原蟲是指不是菌類的單細胞微生物

瘧原蟲

「瘧疾這個疾病在現代不是已經沒啥大不了的嗎？」如果你心中抱持著這種想法，那就稱不上是一個「感染症宅」（不過我想大概也沒有人想得到這個稱號）。

全球三大感染症（依我個人的排行榜來說），分別是結核病、愛滋病和瘧疾。至今，全球每年仍有約100萬人死於這三種疾病。

從主角罹患瘧疾開始說起的《不沉的太陽》

山崎豐子的小說《不沉的太陽》，一開頭主人翁所罹患的疾病，就是瘧疾。身體先是因惡寒、顫慄而抖個不停，接下來是產生非常高的高燒。以數天為一個週期，不斷反覆發生這樣的症狀，就是典型（和教科書上如出一轍）

的瘧疾發燒症狀。但事實上，絕大多數的患者是每天都會發燒，所以根本看不出這樣的週期性。

順帶一提，山崎豐子在《白色巨塔》中，將第二主角里見醫師被降調的地點，設定在「山陰大學」。令我不禁想起，山陰（島根縣）出身的我在學生時代還曾吐槽道：「這我可不服，別瞧不起日本海側[注1]！」不過，島根縣的隱岐島，確實是後醍醐天皇等許多歷史人物被流放的地方。

自海外傳入的「壞空氣」

我們無法一口咬定說，瘧疾絕對是海外傳來的疾病。雖然在日本，本土性的瘧疾現在並不存在，但還是能發現海外傳入的病例。每年的瘧疾病例大約40～100件左右。也就是說都道府縣層級的地方而言，大約每年1件。在神戶大學醫院裡，每年大約會診斷出1～2個瘧疾病例。

瘧疾是以瘧蚊（Anopheles）為傳染媒介的原蟲感染症。「壞空氣」在義大利古文中稱作「mal aria」，這個詞即為瘧疾的語源。一直到最近，才由羅納德・羅斯（Ronald Ross）發現，瘧疾是一種原蟲感染症。羅斯因為這項發現，而於1902年獲頒諾貝爾獎。

順帶一提，奧地利的瓦格納（Julius Wagner-Jauregg）也於1927年獲頒諾貝爾獎，得獎原因是他利用瘧疾的感染

來治療梅毒。一旦感染瘧疾，就會產生近40℃的高燒。高燒可以殺死梅毒螺旋體，所以瘧疾可以用在梅毒的治療上唷……就是這麼回事。這正是所謂的「以毒攻毒」吧。

眾所矚目的疫苗
能改變瘧疾的疫情嗎？

全球三大感染症（結核病、愛滋病、瘧疾），三者都沒有有效的疫苗。結核病雖然有卡介苗（BCG）可對付，但其效果有限，因此美國等許多國家已不再使用。

瘧原蟲（*Plasmodium* spp.）具有十分聰明的生存本能，在它們身上被當成攻擊標的的抗原會持續不斷地變異，因此，人類一直無法製造出有效的疫苗。不過，最近的臨床實驗中已找到，能讓幼童的瘧疾減少大約一半的疫苗，效果卓越，因而大受矚目。未來，我們將能以這種疫苗，大大改變非洲、亞洲的瘧疾疫情……也說不一定[注2]。

注1　東京、大阪等大城市都是位在日本靠太平洋側的地區。

注2　First Results of Phase 3 Trial of RTS, S/AS01 Malaria Vaccine in African Children：N Engl J Med 365：1863-1875, 2011

日本的「官方用語」是「肺炎桿菌」

肺炎克雷白氏菌
Klebsiella pneumoniae

明明在日本
討論肺炎鏈球菌
才能引人
注目，
幹嘛現在
還來談論我們？

心胸也太狹隘了

這樣好嗎？

肺炎克雷白氏菌

Klebsiella pneumoniae（肺炎克雷白氏菌）是1882年，由卡爾·菲連達（Carl Friedländer）所分離出的細菌。據說，是冠上了細菌學者克雷布斯（Edwin Krebs）的姓氏。

雖然學術用語
應該是「肺炎桿菌」……？

在日本，肺炎克雷白氏菌又稱為「肺炎桿菌」，但在臨床沒有人會這麼

稱呼。通常都直接稱作「Klebsiella」。在日本，學術用語打著「官方用語」的名號，而具有權威性，但卻和臨床人員所用的名稱產生「分歧」。

比方說，臨床上會將真菌的隱球菌（*Cryptococcus*）唸作「Kuriputo-kokkasu」，但是，在學術上的「正確」日文唸法則為「Kuriputokokkusu」。厭氧菌的脆弱類桿菌（*B. fragilis*），我們唸作「Bakuteroidesu-furajirisu」，但

「Bakuteroidesu-furagirisu」才是「正確」的日文唸法。我從來不曾用過學術上的發音，也不認識任何這麼說的專業人士。

在日本處處都是「沒有人在使用，但學術號稱正確」的用語，我想，這一點恰恰是日本學術界（這不限於感染學界）故步自封與大腦停擺的表現。語言是活的，所謂的「正確」是活在使用者的口中。不能察覺這一點，一味讓口耳的感覺愈來愈遲鈍，才會出現這種希冀「學術正確性」的蠢事。

雖然溫和，
但在臨床上是焦點股

用語的事就暫時擱在一邊。肺炎克雷白氏菌在肺炎的引發上，病況算較為溫和，但又不那麼罕見的疾病，所以它們的定位不太起眼。但除了肺炎，它們既會造成腹部感染症，也會引發泌尿道感染。同屬的 *K. rhinoscleromatis*，則是鼻硬結病（rhinoscleroma）的致病菌，這是一種既胡來又頑強的疾病。因抗菌藥物而間接導致的出血性腸炎，是由 *K. oxytoca* 所引起的，最近也蔚為話題[註1]。

肺炎克雷白氏菌放在顯微鏡下觀察時，是看起來較大的革蘭氏陰性桿菌，它們是腸內細菌群的一種。菌的周圍可觀察到很大的莢膜。因為其莢膜的比重相當大，所以當肺炎克雷白氏菌引發肺炎時，病人咳出的痰看起來十分黏稠，給人沉甸甸的感覺。正如其名，它們是以造成肺炎聞名，當肺右上葉產生肺膿瘍時，就有可能看到因為肺炎克雷白氏菌沉重的浸潤陰影，而使上葉向下擠壓的顯像（bulging fissure sign）[註2]。

肺炎克雷白氏菌的莢膜，也有分成幾種不同的「型」，近年成為矚目焦點的是有「K1」之稱，叫起來很像格鬥技或日本漫才比賽的一種類型。肺炎克雷白氏菌原本就是黏稠度高的細菌，但 K1 又更黏稠，還會在培養基裡「牽絲」。據說，其致病性高，容易引發膿腫（abscess）等疾病[註3]。

K1 原本就因為以在免疫抑制者身上引起感染症著稱，近年又因為造成院內感染而受到矚目。會引發院內感染的，多為抗藥性細菌。在美國，KPC 抗藥菌對人類造成了危害，這是因為該菌所分泌的 β-內醯胺酶（β-lactamases），連碳氫黴烯（carbapenem）類抗生素都能分解。在臨床上，肺炎克雷白氏菌真是一支焦點股。

註1　Högenauer C, Langner C et al：Klebsiella oxytoca as a causative organism of antibiotic-associated hemorrhagic colitis：N Engl J Med 355：2418-2426, 2006

註2　Marshall GB, Farnquist BA et al：Signs in thoracic imaging：J Thorac Imaging 21：76-90, 2006

註3　Andrea V, Andrea C et al：Appearance of Klebsiella Pneumoniae Liver Abscess Syndrome in Argentina: Open Microbiol J 5：107-113, 2011

霍亂弧菌
Vibrio cholerae

你的真實面貌是
香蕉狀的桿菌才對

你說的
沒錯，

那又怎樣？

V. cholerae

霍亂是由名為霍亂弧菌（*Vibrio cholerae*）的革蘭氏陰性菌所引起的下痢性疾病。會因排泄出「米湯樣」的大量水便，而造成脫水。首次在糞便中發現霍亂弧菌，並留下記載的人，是菲利波・帕齊尼（Filippo Pacini），Vibrio cholerae就是由他所命名。然而，於30年後的1884年，將霍亂弧菌單獨分離出來的羅伯・柯霍（Robert Koch），卻遠比他有名氣。菲利波真是太悲哀了。

提到「霍亂」就想到 O1與O139

霍亂弧菌的分類十分複雜。為何複雜呢？因為它的分類基準很多，而且又相互併用。就跟A群鏈球菌一樣（參照第20頁）。

首先，就以血清型來進行分類。霍亂弧菌在血清學上的分類，有鞭毛的H抗原和菌體的O抗原，H可以忽視（對不

起），我們把重點放在O上。它們的O抗原種類竟然超過200種以上，不過安啦，甭緊張。在臨床上具有重大意義的，只有致病性強、會造成疾病流行的O1和O139[注1]兩種。再者，在較早的書籍上，也會看到「O1、非O1」的分類方式，後者指的應該就是O139。直至今日還是有人使用這樣的稱呼，啊，真是太複雜了。

不過，它們的複雜性，可不是僅止於此。O139在遺傳學上也富有各式各樣的種類變化，這部分真要講起來太過複雜，只好割愛。至於O1又可分成三種血清型和兩種生物型（biotype）。所謂生物型，在這裡是指形態或基因上明明沒有差別，表現型（phenotype）卻有所不同的類型……大概這樣想即可。

O1的三種血清型，分別為Inaba、Ogawa和Hikojima，全都是以日本人名取名。畢竟都用了日本人名，才想說跟大家提一下的，但其實在臨床上，它們之間的致病性等特徵都毫無差別，甚至有的還可以從一種血清型變化成另一種血清型，所以（在臨床上）這類知識純粹只能用來賣弄學問而已。

再者，生物型可分為古典型和El Tor型兩型。這部分在臨床上可就具有意義了，後者容易引起輕症。

大地震後的海地發生霍亂大流行

2010年1月，海地發生大地震，超過25萬人因此喪命。同年的10月起，又發生霍亂大流行，無疑是雪上加霜。結果造成超過50萬人罹患霍亂，將近1萬人死亡。

其實，霍亂弧菌原本並不存在於海地。海地本來只是一個全球最貧窮、醫療資源極少的國家，只因在當地爆發的霍亂，是他們缺乏經驗與知識的疾病，才會重創該國。霍亂弧菌屬於O1，血清型為Ogawa，生物型為El Tor。推測可能是有人透過手（或腸道），將這種細菌從國外帶進海地，究竟是從哪裡帶入該國的，至今（在撰寫本文時）仍無法判明[注2、3]。

注1　1992年，出現了具有O139血清型的霍亂弧菌，當時被稱為「新型霍亂」並受到矚目。

注2　Chin CS, Sorenson J et al : The origin of the Haitian Cholera Outbreak Strain : N Engl J Med 364 : 33-42, 2011

注3　2016年，聯合國因為自己未對海地採取充分的措施，而認罪道歉。

因為是志賀潔所發現的

志賀氏菌（痢疾菌）
Shigella

你是志賀氏菌吧

農大菌物語 第11集 發售中

在所有痢疾菌中，我才是真正稱得上「志賀老師‧え子」的細菌

S. dysenteriae

醫學界裡
充斥著被冠上人名的病名？

2011年，美國風濕病學院正式發表，「Wegener's granulomatosis（華格納氏肉芽腫）」此疾病，今後將更名為「granulomatosis with polyangiitis（Wegener's）（多發血管性肉芽腫症）」[注1]。據說是因為華格納被指出，過去曾經與納粹過從甚密，因而停止以他的名字為病名。像這種事已非頭一遭，Reiter's syndrome（萊特氏症候群）[注2]也因為萊特曾在納粹手下進行人體實驗，而遭到改名。

似乎有人認為，乾脆順著這股潮流，將冠上人名的病名全都改掉。這是因為採用人名的病名實在太多。光是風濕（結締組織病）的周邊疾病就有高安氏動

脈炎[注3]、Churg-Strauss症候群[注4]……等等。

可是啊，一個東西的名字從命名的那刻起，就開始承載著它的歷史，所以病名就是疾病的一部分。歌舞伎演員和落語家之所以要召開襲名披露[注5]，就是這個緣故。名字不是單純的記號而已。這種帶著一股濃厚基本教義味的態度，我個人不愛。

再說，醫學上的功勞和當事人的醜聞，本來就該分開來看，有沒有幫助過納粹，和那個人的功績是兩碼子事。無論是華格納，還是海德格[注6]，都應該從這樣的角度來了解他們，應該徹底將兩件事分開來討論。美國人有一種壞習慣，就是只要聽到像是納粹、希特勒、蓋達、賓拉登等的字眼，就會立刻陷入大腦停機的狀態。

志賀氏菌屬的4亞種也都是以人名命名

話說回來，細菌的名稱也常常會冠上人名。前前篇文章（第40頁）的肺炎克雷白氏菌，就是一例。

而志賀氏菌（*Shigella*）就是冠上日本人志賀潔之名的細菌。志賀氏菌是著名的痢疾致病菌。痢疾是一種會使病人產生裡急後重（感覺急需大便但無法順利排出）、黏血便、發燒等症狀的疾病。據說「痢」字本身，就是「腹瀉、拉肚子」之意[注7]。順帶一提，說到痢疾，一般是指「細菌性痢疾」，也就是志賀氏菌

所引發的痢疾。還有一種是「阿米巴痢疾」，這種則是原蟲所造成的痢疾。實在有夠複雜。

接下來要說更複雜的囉。具有致病性的志賀氏菌屬的細菌有4類，分別是*S. dysenteriae*、*S. flexneri*、*S. sonnei*和*S. boydii*。

「dysenteriae」就是「dysentery」，換言之，這個菌名是以「痢疾」這個病名來命名的，在日本又稱為「志賀赤痢菌」，在台灣則稱為「痢疾志賀氏菌」。「flexneri」、「sonnei」、「boydii」則分別是以美國的弗萊克斯納、丹麥的索內和美國的波依德的名字命名。

看吧，要是把醫學界的所有人名都拿掉的話，大家都一團混亂了。基本教義派的做法，還是收斂點比較好。

注1　Falk RJ et al : Ann Rheum Dis 2011 Apr 70 (4) 704 Granulomatosis with polyangiitis (wegener's) : an alternative name for wegener's granulomatosis
注2　新名稱為「反應性關節炎（reactive arthritis）」。
注3　大動脈炎症候群。1908年，由高安右人提出報告。
注4　1951年，Churg和Strauss主張這是一種獨立的疾病。
注5　對外宣布子承父名諱或弟子承襲師父名諱的發布會。
注6　Martin Heidegger，德國哲學家，納粹黨員。
注7　摘自《新漢語林MX》（大修館書店）。

牙周病的致病菌

伴放線桿菌
Aggregatibacter actinomycetemcomitans

簡言之，就是牙垢吧

就會突然變得很安穩我們的生活

只要築起生物膜

生物膜就是菌膜

A. actinomycetemcomitans

　　這次聊的是名叫Aggregatibacter actinomycetemcomitans（伴放線桿菌）的細菌。沒關係，我知道你記不住。這名字光是用聽的，就讓人聽得快翹辮子了（話說回來，「翹辮子」這個詞現在是不是已經沒人在用了？）。

　　感染症真的很有趣，它關係到醫療的所有領域。內科、外科、婦產科、小兒科、皮膚科、眼科、病理部門的放射科、健檢中心、藥劑部、護理部……所以我會跟各個領域的人一起工作。在學術上也牽涉面廣，從微觀領域的分子生物學，到巨觀領域的流行病學、保健學，甚至和觀念性的數理科學也有關係。所以要有不挑食，什麼都願意學的廣泛好奇心和行動力（以及謙卑態度）。

有名的牙周病致病菌——A. a.

　　牙科領域當然也和傳染性疾病有關。只不過，我們感染科醫師不會去做牙周病的治療，所以對於這一塊，我原本是非常生疏而有欠學習的。適逢山本浩正醫師出版了《牙周抗菌療法》（暫譯，Quintessence出版，2012年3月上市）一書，所以我就趁此機會用功了一番。哎呀呀，我不知道的事還真多啊。

　　Aggregatibacter actinomycetemcomitans（寫起來太麻煩，以下簡稱A. a.）是牙周病的致病原因菌，並因此而廣為人知。過去稱作*Actinobacillus actinomycetemcomitans*，但一個壞心眼的微生物學者將它改名，結果讓原本就很難懂的名字，現在變得更難懂了。

致病性強的a型、b型
心內膜炎是以青黴素治療

　　對感染科醫師而言，A. a.是以身為HACEK群菌種（HACEK Group）[注1]中的「A」而聞名。HACEK群菌種是指五種明明是革蘭氏陰性菌，卻會引發心內膜炎的菌種。大家常把A誤以為是鮑氏不動桿菌對吧？這些因為是在口腔中的細菌，也難怪會引起心內膜炎。三谷幸喜的日劇傑作《古畑任三郎》中，田村正和一連說了好幾次這個菌名，若是瘋狂粉絲，也許會記得這一幕。

　　Socransky等人將在牙周（囊袋）中形成生物膜的細菌，分成了幾個群組，並且特別將致病性強的細菌，取名為紅色複合體（red complex）[注2]。A. a.雖然不屬於紅色複合體，但一般認為A. a.也具有很強的致病性。

　　A. a.可依其血清型分成a～e型五種類型。其中，a型和b型具有內毒素（endotoxin）、白血球毒素（leukotoxin）、細胞致死腫脹毒素（cytolethal distending toxin），致病性特別高。

　　引發心內膜炎的A. a.，多半易對青黴素產生反應，因此可利用青黴素治療。但光靠抗菌藥並不能治好疾病。以牙周病來說，最重要的是要以物理性的方式，將牙齒周圍的生物膜去除。將囊袋內生物膜所附著的牙結石加以去除的手法，稱作SRP（scaling root planing）。我是看了前述的《牙周病抗菌療法》一書才知道，利用抗菌藥對抗牙周病的治療方式，因缺乏實證，所以目前對此還不甚了解。我又再次看清了自己的無知。

注1　取以下菌種的第一個字母縮寫而成：*H. parainfluenzae*、*H. aphrophilus*、*H. paraphrophilus*、*H. influenzae*、*A. actinomycetemcomitans*、*C. hominis*、*E. corrodens*、*K. kingae*, and *K. denitrificans*，這些菌種存在於口腔等處。

注2　*P. gingivalis*、*T. forsythensis*、*T. denticola*

菌 圖鑑

Colony.2-6

以蜱蟎為傳染媒介的
人畜共通傳染病

萊姆病疏螺旋體
Lyme disease *Borrelia*

那就是

慢性疲勞

B. garinii　B. afzelii

總覺得……
一下很疲倦，
一下身體狀況
不太好，
這樣應該
沒有問題吧？

　　萊姆病（Lyme disease）是螺旋體門的*Borrelia*（疏螺旋體）所造成的感染症。以棲息在山野中的蜱蟎（硬蜱屬蜱蟲）為傳染媒介的人畜共通傳染病[注1]，在日本稱為「人獸共通感染症」。基本上把它當作「人和其他動物都會受到感染」的意思，大概就差不多了。鹿、野鼠之類的野生動物，也會感染萊姆病。日本過去的稱呼是「人畜共通感染症」，但是因為大人的總總內情而變更名稱。我個人當然不喜歡這種為了政治正確而進行的名稱變更。

日本病例報告最多的
雖然是北海道……

　　萊姆病，這名稱給人一種爽口的感覺，但它其實只是一個地名。1976年，美國康乃狄克州萊姆鎮出現多起幼年型

類風濕性關節炎（juvenile idiopathic arthritis）的病例[注2]，後來證明那些其實是感染症。於是，萊姆病成為夏季會出現在美國東岸的著名感染症。其實，歐洲各國在20世紀初就已經知道，被蜱蟲叮咬後可能會出現移行性慢性紅斑（erythema chronicum migrans）、Bannwarth症候群、慢性萎縮性肢端皮膚炎（acrodermatitis chronica atrophicans）等疾病[注3]。

據說，在歐美每年會發生數萬起萊姆病的病例，但在日本每年只有5～15起左右的病例報告。其中，來自北海道的病例報告特別多，本州則是較多出現於中部山岳地帶[注4]。不過實際上，在東北、關東、關西、中國地方、九州等地，也有病例報告[注5]，我所在的兵庫縣過去也曾有過病例。這些是因為最近發現了1起病例，而開始加以調查，才知道有這麼多病例的。所以我在想，北海道之所以有這麼多病例報告，會不會是「調查了才發現」的，當然萊姆病的發生率也是如此。我猜，繼續找下去的話，一定會在更多地方發現萊姆病。

移行性紅斑猶如「箭靶」

萊姆病的臨床症狀，會按下述階段逐漸加重：蜱蟲叮咬數日至數週間，為第Ⅰ期（局部感染期）；數週至數個月間，是第Ⅱ期（瀰漫性感染期）；數個月至數年間，則為第Ⅲ期（晚期、持續

感染期）。

早期是以起疹子、關節症狀、神經症狀、心臟症狀為主。常見於第Ⅰ期的移行性紅斑為長軸約20cm的橢圓形，並依白、紅、白呈現如「箭靶」般的特殊外觀。再者，發病超過6個月後，有時會被稱為「慢性萊姆病（chronic Lyme disease）」，其特徵為出現頭痛、肌肉骨骼方面的疼痛、專注力下降、失眠、感覺障礙等容易被視為慢性疲勞[注6]的多樣化症狀。到了這時候，若非正好想到萊姆病，恐怕很難診斷出病因。顏面神經麻痺也是萊姆病患者經常被診斷出的症狀，半數以上的萊姆病都會伴隨出現中樞神經的病變[注7、8]。

我在紐約時，還滿常看到萊姆病的患者，卻從沒有想過也會在日本看到。先入為主的想法還真危險呢。

注1 川端真人：Lyme病：診斷と治療 98：1325-1329，2010
注2 Steere AC, Malawista SE et al：Arthritis Rheum 20：7-17, 1977
注3 Steere AC：Borrelia burgdorferi：Churchill Livingstone, 3071-3081, 2010
注4 馬場俊一：ライム病の臨床と保険診療の課題：医学のあゆみ 232 :141-143，2010
注5 Hashimoto S, Kawado M et al : J Epidemiol 17（Suppl）: S48-55, 2007
注6 慢性疲勞症候群是指，原因不明的強度疲勞感或長期性身體不適。
注7 Ackermann R, Hörstrup P et al : Yale J Biol Med 57 : 485-490, 1984
注8 Pachner AR, Steere AC : Neurology 35 : 47-53, 1985

遲鈍愛德華氏菌
Edwardsiella tarda

Colony. 2-7

對爬蟲類而言是正常的腸道菌群

有很多種情況呢

E. tarda

　　啊，又是這種讓人感到混亂的名字！——恰巧我和我的同伴們聊到這種細菌，所以這次就來介紹它。沒錯，我想大家應該都發現了，基本上這本書是我想到什麼寫什麼。石川雅之老師，真是對不起。

當初的名稱是「細菌1483-59號」!?

　　Edwardsiella tarda（遲鈍愛德華

氏菌）是屬於腸道菌群的革蘭氏陰性桿菌。「腸道菌群」是指存在於肚子裡的大腸菌等的菌群；「革蘭氏陰性桿菌」則是指在光學顯微鏡下呈現紅色的菌種。

　　「這一定是愛德華先生發現的細菌吧？」……我本來這麼以為，結果不是。這是最早於1965年，由尤恩（Ewing）等人所發表的細菌[注1]。據說，他們以當時名聲響亮（現在也是？）的

細菌學者P・R・愛德華先生的名字為此細菌命名。真是長知識了。

順帶一提，根據《藍燈書屋英和大辭典》（小學館），「Edward」在古英文中有「rich, happy＋guardian（守護者）」之意。淨提供一些今後派不上用場的資訊，真是對不起。

「tarda」在拉丁文中有「遲緩」之意，因為這種細菌缺乏活動性（具體來說，是缺乏碳水化合物的發酵性），而得此名稱。

當初曾以「細菌1483-59號」（這是真的）、「Asakusa Group」、「Bartholomew Group」等各式各樣的名稱稱呼，經過協議後，他們決定乾脆就用名字來沾沾愛德華大師的光吧……據說是這麼回事。

透過寵物的觀賞魚類及龜類也會感染

E. tarda與水關係密切，在生活環境中易於水邊發現。有的文獻[注2]指出可在淡水中發現，有的又說在淡水、海水皆可發現，讓人無所適從。E. tarda會移生於兩棲類、爬蟲類及魚類身上，有時甚至會透過觀賞魚類、龜類傳染。因此，面對感染症患者時，詢問對方有無飼養寵物也很重要（龜類身上著名的病菌還包括沙門氏桿菌）。此外，未經烹煮的魚、蝦，也可能帶有E. tarda，有病例報告指出，感染症病患是在吃完海鮮之後發病的。

E. tarda雖然極少在人類身上引發疾病，但有時仍會造成各式各樣的感染症，例如腸炎、菌血症（bacteremia）、膿腫、關節炎等等[注3]。E. tarda對抗菌藥的敏感性佳，因此經常會用青黴素類的藥物來治療。此外，E. tarda好像也會在動物身上造成感染症，像是鯰魚的氣腫性膿腫，企鵝的慢性腸炎、鰻魚的肝腫瘤、腎腫瘤等等，真的不騙你。

「反正極少引發感染症，又有很多抗菌藥具有療效，所以根本不用擔心吧？」……萬一這麼想就錯了。因為一旦引發感染症，就會變得相當嚴重，據說，菌血症的死亡率高達50％。

E. tarda原本是常見於熱帶、亞熱帶地區的細菌，但近年在日本也出現了發現E. tarda的報告。是全球暖化的緣故嗎？嗯……不過這個說法，其實有些個人的臆測成分在裡頭。

注1　Ewing WH et al : Int Bull Bacteriol Nomenci Taxon 15 : 33-38, 1965
注2　Ota T et al : Intern Med 50 : 1439-1442, 2011
注3　Janda JM, Abbott SL : Clin Infect Dis 17 : 742-748, 1993

旋尾線蟲
Spiruroid

※ 日文原書名：農大菌物語和
感染科醫師令人在意的菌辭典

　　這篇文章是在5月下旬時寫的。某個初夏的悶熱日子，我在一間西班牙菜餐廳吃晚餐。我點的餐是螢火魷的Ajillo。「Ajillo」可不是Jolin或Jolie的親戚（怎麼可能是），而是先將海鮮等食材以橄欖油和大蒜炒過，再燉煮而成的一道美味佳餚。用螢火魷來當Ajillo的主要食材，我想應該是日本原創的，不過還真是一拍即合。

　　說到螢火魷，就會想到富山縣[注1]。最近，聽說山陰等靠日本海的各地區，都能捕獲螢火魷，但螢火魷給人的印象就是富山。

　　而說到富山，就會想到鱒魚壽司、青甘魚、圓板赤蝦、螢火魷⋯⋯每一種都好吃得沒話說喔。

　　煮熟的螢火魷，無論是做成Ajillo，還是拌醋味噌，都十分美味，而且螢火

魷生吃也很好吃。不過，在餐廳吃到的，大多都是將冷凍螢火魷解凍才上桌的。這究竟是為什麼？其實這是為了防範寄生蟲的感染。

名字雖叫type X 幼蟲
但跟機器人漫畫無關

其實，有一種寄生蟲幾乎已變成專門存在於螢火魷身上（嚴格來說並非只有螢火魷）。這種寄生蟲就叫旋尾線蟲[注2、3]。正確的稱呼是「旋尾線蟲type X 幼蟲」。這裡的「X」是羅馬數字的X（ten），所以type X要唸作「type ten」。旋尾線蟲共分成13種，而其中的第10種容易引發疾病。唸成「type eks」的話，聽起來就好像某個機器人漫畫裡會出現的唸法。這麼唸可是會被當成門外漢的。

一般來說，寄生蟲的最終宿主或成蟲型態，其生物類別都是能夠確認的，但對於旋尾線蟲，我們所知的只有其幼蟲期的形態與其寄生對象（中間宿主）。所以才會暫時取了「旋尾線蟲type X 幼蟲」這樣的稱呼。英文則是稱為spiruroid。

旋尾線蟲會引起「皮膚幼蟲移行症（cutaneous larva migrans）」，這是一種皮膚上會感到有東西一邊蠕動一邊爬來爬去的疾病；若是寄生在腸內，就可能造成劇烈的腹痛或腸阻塞。有時甚至會誤診為急性腹症，而被送進手術室進行開腹手術。

利用加熱或冷凍處理
預防感染

要預防感染，只要將螢火魷的內臟（旋尾線蟲的感染部位）拿掉、煮熟，或是進行前述的冷凍處理即可。只不過，我從來沒有看過有人是將那麼小的螢火魷內臟拿掉的。Ajillo是熟食料理，所以沒問題。若是要生吃，就要先冷凍才能食用。

順帶一提，海獸胃線蟲是出了名的會透過鯖魚傳染給人類的寄生蟲，這種寄生蟲也是一經冷凍就會死亡。荷蘭是歐洲中鮮少會吃生魚的國家。他們會將生鯡魚製成醋漬鯡魚，從魚頭開始大快朵頤，但因為有感染海獸胃線蟲的風險，所以他們規定鯡魚一定要先經過冷凍處理。詳細請參考拙著《為何荷蘭沒有MRSA？》（暫譯）[注4]。書的封面當然是石川雅之老師的大作！（宣傳結束）

注1　每年春季都會有大批的螢火魷群遊至富山灣的岸邊，點亮海岸線。
注2　「ホタルイカ生食による旋尾線虫幼虫移行症の発生動向，1995～2003」（感染症情報中心網頁）http://idsc.nih.go.jp/iasr/25/291/dj2911.html
注3　「旋尾線虫症」（感染症情報中心網頁）http://idsc.nih.go.jp/idwr/kansen/k01_g1/k01_14/k01_14.html
注4　與古谷直子女士的合著作品。中外醫學社，2008。

聽到「我吃了比目魚生魚片」
就會想到

庫道蟲
Kudoa septempunctata

碰！

不是細菌，
請看照片。

EXIT

　　2012年7月起，日本開始禁止提供生的牛肝臟。換言之，就是在日本吃不到生牛肝了。因為腸道出血性大腸桿菌被認為存在於牛肝中，生食恐造成感染症。本書出版時，生牛肝已成夢幻「絕」品。

　　無論是肉類，或蔬菜、海鮮類，只要是生食，都會伴隨著健康上的風險。日本厚生勞動省是想透過生牛肝的禁令，達到減少生食風險之效果。然而，繼續比照此種原則辦理的話，就會讓食物的選擇性愈來愈少，最終不知會變成什麼樣的世界。

比目魚生魚片引起食物中毒其原因為何？

　　最近，有病例報告指出，患者是食用比目魚生魚片後，產生了腹瀉、嘔吐等的症狀。

　　根據日本國立醫藥品食品衛生研究所的調查顯示，在2008～2010年間，可能是生魚造成的食物中毒病例報告中，

多數都是吃了做成生魚片等的比目魚。為何比目魚生魚片會引起食物中毒呢？調查結果找出了一種過去所不知道的病原體，而這種病原體就是引發食物中毒的原因。

此種病原體的名字就叫做庫道蟲（*Kudoa septempunctata*）。庫道蟲是一種稱為黏孢子蟲（Myxosporea）的生物，較接近水母、珊瑚所屬的譜系[注1]。因為會製造出覆蓋著黏液的孢子，因此被稱為黏孢子蟲。庫道蟲會寄生在魚的肌肉組織內，尤其是比目魚身上。經過調查後發現，食用比目魚生魚片而導致食物中毒的案例中，那些比目魚身上大多都寄生著庫道蟲。再進一步進行動物實驗後發現，庫道蟲是引發腹瀉的原因[注2]。

換言之，吃了未煮熟的比目魚，且其肌肉組織內被庫道蟲寄生的話，就有引發食物中毒的危險，而且沒有藥物能治療庫道蟲的感染。

日本農林水產省雖然祭出了對策，對比目魚養殖戶進行檢查，並將感染庫道蟲的稚魚加以銷毀，但這項措施的成效有多大，仍無法確定；再說，這項措施無法排除天然比目魚帶來的風險。

此外，關於兒童、老人、孕婦、潛在疾病患者等罹患庫道蟲感染症的風險，現在仍完全無法掌握。

若想完全排除罹患庫道蟲感染症的風險，就必須禁止食用比目魚的生魚片或壽司，但這是日本人能夠接受的選項嗎？

面對新病原體的風險該如何因應？

今後我們恐怕會發現更多像是庫道蟲這一類的新病原體，以及新的食安風險。關於感染症，還有太多人類未知的領域。「大概還存在著其他我們所不知道的新感染症。」我想，這應該是面對感染症的正確態度。

然而，我們採取的應變方式若是「有風險就排除」的話，最後一定會跌一大跤。面對新病原體的風險，該如何因應？這是我們必須重新認真思考的問題。

照片提供
東京都健康安全研究中心

注1　ヒラメを介したクドアの一種による食中毒Q&A（農林水産省網頁）http://www.maff.go.jp/j/syouan/seisaku/foodpoisoning/f_encyclopedia/kudoa_qa.html
注2　Kawai T, Sekizuka T et al : Clin Infect Dis 54 : 1046-1052, 2012

「SPACE」的一員

克氏檸檬酸桿菌
Citrobacter koseri

遲早有一天要幹一票大的！

C. koseri

嗯～沒有一般人能接受的橋段就代表……會被無視？

該我們出場了

一般來說，提到*Citrobacter*（檸檬酸桿菌屬），就是指*Citrobacter freundii*（佛氏檸檬酸桿菌）。這是一種革蘭氏陰性桿菌，會引發血流感染，是「SPACE」的一員。「SPACE」是經常存在於潮濕處，在日本有「水系」之稱的革蘭氏陰性菌（「C」是*Citrobacter*，猜猜其他字母分別代表什麼）。

至於*C. koseri*的話，和*C. freundii*比起來，它們算是一種比較溫和的細菌。過去稱為*C. diversus*，後來被微生物學者改名。它們會造成新生兒、腦神經外科患者的腦膜炎、腦膿腫（多為院內感染），也是高齡者的感染源[注1、2]。平時為腸道內正常菌叢。經常被誤認成沙門氏菌（*Salmonella*），也與大腸桿菌群類似，容易混淆。

大概跟*C. freundii*很相似……？

*C. koseri*和*C. freundii*不太相似。

若只因為同為*Citrobacter*屬，就輕易認定「兩個大概差不多」的話，可是會陰溝裡翻船的。

　　*C. freundii*的特徵為經常是AmpC過度表現菌。不好意思，接下來的話題會變得非常專門，但是這個AmpC相當重要！

　　AmpC是種β-內醯胺酶，它會破壞β-內醯胺類的藥物。平常這類細菌只會製造一點點酵素，因此臨床上不會造成危害。然而，一旦暴露在含有抗菌藥的環境中，就會開始大量生產。就像是一個被霸凌到忍無可忍的乖乖牌小孩突然抓狂。

　　一開始會因為對藥物還有敏感性，所以在檢查時會形成「藥物生效」的錯覺。而容易引發AmpC過度表現的代表性菌種，就是*C. freundii*。

　　因為*C. koseri*也是檸檬酸桿菌屬，我本來以為它也是AmpC過度表現菌，結果好像不是。

　　AmpC在Ambler分類中（歹勢，這次的內容太專門了），是一種屬於Class C的β-內醯胺酶，但*C. koseri*會製造的則是Class A的β-內醯胺酶。基本上，Class A與會破壞青黴素的青黴素酶相近，因此大部分的*C. koseri*對於青黴素都具有抗藥性。但與*C. freundii*不同的是，β-內醯胺類的頭孢菌素（Cephalosporin）對*C. koseri*較能有效地產生作用。嗯……沒想到名字類似的細菌，也會有這麼大的不同。

還有些是具有多重抗藥性機制的棘手細菌

　　雖說如此，還是不能掉以輕心。Class A中有一種會製造很恐怖、很恐怖的多重抗藥性的ESBL（extended spectrum β-lactamase），有的*C. koseri*也具有ESBL。有些甚至還擁有KPC（*Klebsiella pneumoniae* Carbapenemase）或NDM-1（New Delhi metallo-β-lactamase）的抗藥性機制，這些都會讓感染科醫師臉色發青……但一般人只會想說「這是什麼玩意兒」吧。*C. koseri*可是很棘手的！

　　在治療方面，專家們意見分歧。有些人認為，只要1種藥物就能治好，有些人則認為，加上胺基糖苷類抗生素（Aminoglycoside），讓病人合併服用2種藥物比較好。真是讓人難以抉擇啊。

　　來揭曉「SPACE」的答案，就是指沙雷氏菌（*Serratia*）、假單胞菌（*Pseudomonas*）、不動桿菌（*Acinetobacter*）、檸檬酸桿菌及腸桿菌（*Enterobacter*）。拿這些知識在聯誼時露一手吧！保證會把對方嚇跑。

注1　Auwaerter P. Citrobacter koseri. In. ABX Guide（iPhone app）last updated August 24, 2011
注2　Lin SY, Ho MW et al : Intern Med 50 : 1333-1337, 2011

菌圖鑑

Colony. 2-11

對許多抗菌藥具有抗藥性

腦膜炎敗血伊麗莎白菌
Elizabethkingia meningoseptica

雖然不會
直接人傳人，
但因為在
消毒液中
也能活得很好，
所以促使
院內感染大流行
是我們的拿手好戲

是腦膜炎
那傢伙！

保護好一

哇～

乳酸菌

E. meningoseptica

　　請不要看到標題就洩氣了。這次要談的是唸10次大概會咬到舌頭3次的 *Elizabethkingia meningoseptica*（腦膜炎敗血伊麗莎白菌）[注1]。

　　這種菌名寫成外來語拼音的片假名，反而更看不懂，所以還是用英文字母吧。文字溝通時，寫讓人看不懂的英文，好像在繞遠路，但像這種時候反而是捷徑。

　　笛卡兒告訴我們：「太複雜的話，就分解開來看。」因此，讓我們也試著把這個菌名加以分解看看。Elizabeth、kingia、meningo、septica……。嗯，原本有看沒有懂的「咒文」，這下好像理出點頭緒了。

利用基因分類
而得到現在的名稱

　　發現這種細菌的是名為伊莉莎白・金（Elizabeth King）的微生物學者。

1959年被發現的這種革蘭氏陰性菌，其特徵是會在新生兒身上引起腦膜炎。其次容易引發的是敗血症。偶爾還會造成成人的肺炎、腦膜炎和敗血症。腦膜炎的英文是meningitis。敗血症是sepsis。因此，金女士將這種菌取名為 *Flavobacterium meningosepticum*。

但依照微生物學的慣例，這種細菌在不久後就會被改名。1994年，更名為 *Chryseobacterium meningosepticum*（腦膜膿毒性金黃桿菌）。「flavo」是黃色，「chryseos」在希臘文中有黃金之意。兩者都是用來表示菌群的顏色。「bacterium」當然是指細菌（複數形就是「bacteria」）。

按傳統做法，微生物是依型態或生化學上的特徵加以分類，但近年來，開始流行根據基因進行分類。特別容易拿來當作分類依據的是核糖體RNA（rRNA），16SrRNA是經常被用來確認細菌類別的組成部分。結果發現，這種細菌竟然跟其他的*Chryseobacterium*不一樣，於是2005年又再度改名。他們借發現者的名字，取名為*Elizabethkingia meningoseptica*。呼，真是累死人了。

順帶一提，金女士也是*Kingella*（金氏菌）的發現者。有名的*Kingella*是明明身為革蘭氏陰性菌，卻會造成心內膜炎、嬰幼兒的化膿性關節炎的細菌。容易引起心內膜炎的革蘭氏陰性菌有五種，這五種細菌被取其開頭字母，縮寫成HACEK[注2]。其中的「K」指的就是*Kingella*。至於，明明叫做伊莉莎白，又要叫做King（國王）……這種小地方就不要放在心上了。

萬古黴素可有效對付的革蘭氏陰性菌!?

感染症專家的認知是，從臨床上來看，*E. meningoseptica*極少引發腦膜炎或敗血症。再者，它們對許多抗菌藥都表現出了抗藥性。能有效對付大多數革蘭氏陰性菌的 β-內醯胺類藥物，像是碳氫黴烯，遇到*E. meningoseptica*也沒轍。

而十分不可思議的是，通常只對革蘭氏陽性菌有效的萬古黴素（Vancomycin），卻對*E. meningoseptica*也有效。

「萬古黴素可以治療哪一種的革蘭氏陰性菌？」感染科專業人士版的快問快答中，這是絕對少不了的一題。把這個問題拿到聯誼聚會去玩，也一定可以讓別人對你退避三舍。

注1　Steinberg JP and Burd EM : Other Gram-negative and Gram-variable bacilli : Mandell, Douglas, and Bennett's Principles and Practice of Infectious Diseases, 7th ed. : Churchill Livingstone, pp 3015-3033, 2009

注2　分別為以下5個屬：*Haemophilus*, *Actinobacillus*, *Cardiobacterium*, *Eikenella, Kingella*。

容易在入浴設施中爆發感染

嗜肺性退伍軍人桿菌
Legionella pneumophila

已經有
40種以上的
同類獲得確認，
但大家做的事
其實都差不多，
所以幾乎
都被等同視之

無論如何
這些傢伙
很棘手！

退伍軍人桿菌屬

1976年，一場美國退伍軍人聚會在美國費城舉辦。結果，有221人罹患原因不明的肺炎，其中34人被奪去性命，令人感到不可思議。這謎樣的疾病，是來自於以往不為人知的細菌所導致的感染症。這種細菌被稱為嗜肺性退伍軍人桿菌（*Legionella pneumophila*）注。

「Legion」在英文中，是「退伍軍人聚會」之意。我學生時代的教科書上，把這種疾病稱作「在鄉軍人病

（Legionnaire's disease，中文為退伍軍人病）」。根據《大辭林》（三省堂）的解釋，日文中「在鄉軍人」是指「平時靠其他工作維生，但身負著緊急時刻必須應召參與國防之義務的預備役、退役或後備役等軍人」。

在感染症的歷史中
神祕露面的細菌

同樣在1976年，美國也爆發了經

由豬隻傳染的「新型流行性感冒」（當時）。當時的美國總統福特，下令在美國進行大規模的預防接種，但真正促成這項決定的原因，其實是害怕會如同費城一般，發生新一波「謎樣疾病」的大流行（嗜肺性退伍軍人桿菌是在1977年才被確認）。結果，當時的流行性感冒並未引發流行，反倒是預防接種出現副作用，於是大規模接種政策以失敗告終（福特政權同樣也以失敗告終）。

嗜肺性退伍軍人桿菌就像這樣，在感染症的歷史中，神祕地露面一下。詳情請閱讀拙作《預防接種「有效」嗎？思考關於對疫苗的抗拒》（暫譯，光文社新書）喔。

伴隨發生腹痛、意識不清的奇怪肺炎!?

嗜肺性退伍軍人桿菌在超過50℃的熱水中也能繁殖，因此在日本容易於使用循環水的入浴設施中爆發感染。此外，也會透過大樓頂樓的冷卻水、加濕器造成感染。

嗜肺性退伍軍人桿菌所引起的疾病，包括肺炎和龐提亞克熱（Pontiac fever）。在臨床上會造成問題的是前者，這種肺炎約占社區型肺炎的3％。經常伴隨發生腹痛、意識不清，是一種「有點奇怪」的肺炎。因為一般的培養檢查，無法查出此種病菌，所以「沒有想到的話，就診斷不出來」。而且，此種肺炎容易演變成重症，死亡率也很高。再加

上，日本醫師經常（徒勞無功地）使用的碳氫黴烯類抗生素也無效，因此可能造成的下場就是：診斷不出來，於是治療失敗，乃至死亡。

相對的，龐提亞克熱正如其名，是以發燒為主要症狀的疾病，（不知為何）就算不使用抗菌藥，也會自然痊癒。順帶一提，「Pontiac」是曾經流行過這種疾病的美國密西根州的地名。這種疾病很早就為人所知，但被誤以為是立克次體感染所造成。「事後」才從40年代的檢體中，驗出嗜肺性退伍軍人桿菌。我們對於龐提亞克熱的病理機轉，至今仍不是十分清楚。

在極少數的狀況下，嗜肺性退伍軍人桿菌也會造成肺部以外的病變。最近，我就遇到過嗜肺性退伍軍人桿菌所造成的下肢蜂窩性組織炎。很湊巧地，病人剛好做了尿中嗜肺性退伍軍人桿菌抗原檢查，結果竟然呈現陽性，我本來還想說「這是搞什麼鬼啊」，結果在皮膚切片檢查、培養檢查中，也驗出了嗜肺性退伍軍人桿菌。於是做出了確切的診斷。有時候就是會遇到這種「僥倖」診斷出病因的案例。真是謝天謝地。

注　Edelstein PH and Cianciotto NP : Legionella. In : Mandell, Douglas, and Bennett's Principles and Practice of Infectious Diseases, 7th ed. : Churchill Livingstone, pp 2969-2984, 2009

第

培養基

肺部疾病占絕大多數

Colony.**3-1**

麴菌
Aspergillus

就算了

同伴們很開心，

至少

支持麴菌症出場

A. oryzae

耶一！

A. fumigatus

因為婉轉地收到了指名要求，所以這次就來介紹麴菌（*Aspergillus*）吧。

說到麴菌就想到米麴菌!?

黴菌總稱為真菌。在微生物學上，真菌和細菌的不同，可以從「核膜的有無」來區別，這是一種形態學、生化學上的屬性。而在臨床上，真菌和細菌的感染症，也有著相當不同的表現方式。

真菌大致可分為酵母菌和絲狀真菌（嚴格來說不只兩種，但大略上只知道這兩種就好）。英文中分別稱為「yeast」和「mold（或mould）」。兩者的差別是來自於形態上的不同：前者是閃亮亮，後者是乾巴巴。不騙你，是真的。臨床醫學上，酵母菌之王是念珠菌，絲狀真菌之王則是麴菌。

對《農大菌物語》的粉絲而言，說到麴菌大家心中想到的應該是米麴菌

（*Aspergillus oryzae*）[注]吧。米麴菌會產生大量的酵素，能夠幫助人類製造出許多生活中不可或缺的食品，像是味噌、醬油、日本酒等等。米麴菌能將米（澱粉）分解成糖，這些糖又可被釀酒酵母菌（*S. cerevisiae*）轉換成酒精，釀造出日本酒。不過，我只是個渺小的臨床醫師，在「釀造」上完全是個門外漢，所以關於這方面請參閱《農大菌物語》。

會在肺部引起各種疾病的菌類

臨床上，重要的麴菌屬真菌包括 *A. fumigatus*（煙麴菌）、*A. flavus*（黃麴菌）、*A. nidulans*（小巢狀麴菌）、*A. terreus*（土麴菌）等。臨床上最常見的是 *A. fumigatus*。

在生活環境中，麴菌是經由吸入性的途徑感染。它們會引發腦膿腫、關節炎、心內膜炎等各式各樣的疾病，但占絕大多數的是肺部疾病。如果你不是感染症宅，那麼只要認定「麴菌是對肺部造成疾病的菌類」即可。

然而，我個人並不喜歡「肺麴菌病」這種稱呼。因為麴菌能引起各式各樣的疾病，就算以位置而言，它們存在於「肺部」也不能等同視之。

基本上，麴菌會對肺部造成的疾病有 3（+1）種。第一種是過敏性支氣管肺麴菌病（allergic bronchopulmonary aspergillosis, ABPA），這是因為對麴菌產生過敏反應，而引發類似氣喘的症狀。嚴格來說，並不算是感染症，基本的治療方式也是使用類固醇。

第二種是麴菌瘤（aspergilloma），這是指麴菌棲息在結核病、類肉瘤病（sarcoidosis）等疾病所造成的肺部空洞中，換言之，就是肺部遭到麴菌占據。嚴格來說，我們也很難稱之為感染症，大多為無症狀，但偶爾會因支氣管動脈被侵蝕，而引發大量出血。基本上，病人若是無症狀，就持續觀察；若是出血，就要透過手術或栓塞術（embolization），以物理性的方式進行「止血」。

而第三種侵襲性麴菌病（invasive aspergillosis, IA），則是發生在接受過化學治療等的免疫抑制者身上。這個就真的是感染症了，而且是攸關生死的重大感染症。必須全力透過電腦斷層檢查、血液檢驗進行診斷，並且透過抗真菌藥來拚命醫治。另外，還有一種是慢性壞死性肺麴菌病（chronic necrotizing pulmonary aspergillosis），但在此割愛（因為太複雜）。

注　《農大菌物語》中象徵性的菌類角色，跟隨著主角・澤木，從老家（種麴屋，也就是販賣釀造用麴菌孢子的商行）來到農大。

用壓舌板刮一刮就能「刮下」

念珠菌
Candida

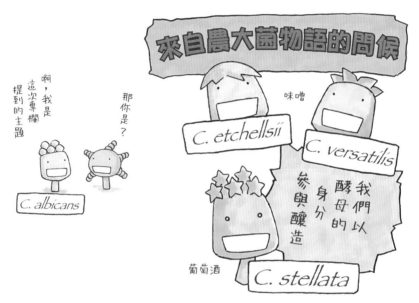

來自農大菌物語的問候

啊，我是這次專欄提到的主題

那你是？

C. albicans

味噌

C. etchellsii

C. versatilis

我們以酵母的身分參與釀造

葡萄酒

C. stellata

上一篇是介紹絲狀真菌之王的麴菌，所以這次就要介紹酵母菌之王——念珠菌（*Candida*）。雖然說，在《農大菌物語》中提到酵母，會想到的大概是釀酒酵母菌吧。

念珠菌感染（其他的真菌感染也是如此）可分為淺層和深層的感染症。淺層感染包括了所謂的「尿布疹」。另外，念珠菌性口角炎雖然不算罕見，但容易被誤診成疱疹或缺乏維生素。鵝口瘡也意外地容易被忽略。實習醫師在對口腔進行診察時常常只看「喉嚨」，但若是鵝口瘡，只要看一下頰黏膜，往往就能看到明顯的白色念珠菌附著其上。念珠菌的特徵是用壓舌板刮一刮就能「刮下」，但這個觀念在教學時常被誤傳。另外，就算肉眼看不到黴菌，有時也可能罹患了念珠菌舌炎，這是造成味覺障礙的一大原因。事實上，「即使不是白色，也可

能是念珠菌」。女性患者罹患感冒，醫師（徒勞無功地）開抗菌藥給患者時，有時會忽然引起私處搔癢，這是因為抗菌藥殺死了陰道內的正常菌叢，而引起的念珠菌性陰道炎。

「導管感染」不是導管感染

念珠菌感染真正嚴重到攸關性命的是深層的感染症……換言之，就是念珠菌侵入到人體內部深處的感染症。我最近遇到的絕大部分都是導管相關的血流感染，常見於術後的患者身上，即使他們不是「所謂的」免疫抑制者。

在日本，「導管相關的血流感染」簡稱為「導管感染」，雖然這麼稱呼，但它可不是導管的感染，因為真正受感染的是「血液」，而非「導管」。需要進行的是血液培養，而非導管尖端培養。導管是異物，微生物雖然經常附著，但我們無法得知是不是感染的原因。因此，向醫事檢驗師提出導管尖端培養，等於是命令他們進行臨床上毫無用處的檢查，會做出這種事的人，若不是抱持著惡意就是無知（或者兩者兼具）。

念珠菌感染當然也需要進行血液培養。因其特異度十分高，所以一般來說，從血液中驗出念珠菌的話，就會視作沒有「汙染物」（汙染菌）。但遺憾的是，對念珠菌進行的血液培養缺乏敏感度，只看血液培養的話，有可能不慎縱放念珠菌。因此，要用真菌標記的 β-D-葡聚醣（β-D-glucan）加以補強。雖說如此，但 β-D-葡聚醣遇到治療方向完全不同的感染症，例如肺囊蟲肺炎時，也會上升……所以說，臨床感染症這門學問還真困難哪。

即使從咳痰、尿液驗出也不能貿然斷定

$10\sim20\%$ 的念珠菌菌血症，會併發眼內炎，因此需要會診眼科。甚至有過未進行眼科上的處理，而造成失明的病例。此外，也容易併發心內膜炎，所以常常必須要照心臟超音波，尤其是經食道心臟超音波。另外要跟大家說明的是，念珠菌心內膜炎屬於難治疾病，患者往往必須接受手術治療。

相反的，念珠菌肺炎或念珠菌泌尿道感染，就十分罕見了（但也並非完全沒有）。在咳痰或尿液中發現念珠菌時，不要貿然判斷一定就是「感染症」，這是十分重要的事。

嗯……念珠菌在醫療現場常常會被施以錯誤的診療，所以我才忍不住變得像在說教一樣。不好意思啦。

隱球菌
Cryptococcus

這種菌還真多，真是一群不要臉的傢伙

我們是伺機菌，最擅長對免疫力或體力衰弱的人趁虛而入

C. neoformans

做為真菌三部曲（？）最後壓軸的，就是隱球菌（*Cryptococcus*）。日文的學術用語是唸作Kuriputokokkusu，但我抵死不從，就是要唸作Kuriputokokkasu。

在臨床上最常見的就是麴菌和念珠菌。隱球菌和前面兩者比起來，出現頻率大幅降低。然而，正當我們遺忘時，它們就有可能悄然出現，把我們殺個措手不及，所以我刻意將它們列入「三大真菌感染症」中。

在腦膜炎的腦脊髓液檢查中初壓較高

說到隱球菌，當然就一定會想到腦膜炎。

罹患腦膜炎的患者，若出現單核球偏高的白血球上升、蛋白含量上升、葡萄糖濃度下降的狀況，能想到的可能性就只有三種：結核病、隱球菌及李斯特氏菌。若沒有想到這些的話，就有可能

導致誤診。

其實，我自己就曾有過各一起錯失（太晚診斷出來）結核性腦膜炎和隱球菌腦膜炎的病例，而付出慘痛代價的經驗。所以我銘記在心，要求自己今後絕不能再錯失任何一起病例。

絕大部分的隱球菌腦膜炎，都是發生在免疫抑制者身上，最典型的就是愛滋病和服用類固醇的患者。然而，有時候即使不是免疫抑制者，或無法明確認定是否為免疫抑制者時，也有可能發生。這時就會難以確診。發病方式會因患者而異，在愛滋病患者身上，是非常緩慢的發病，很多都是比方說小頭痛之類的輕度表徵，令人無法聯想到腦膜炎，但多數情況下其實就是腦膜炎。在服用類固醇的患者身上，則多半是較露骨的腦膜炎表徵（頭痛、發燒、假性腦膜炎症狀）。

既然是腦膜炎，當然會進行腦脊髓液檢查，但不能忘記（但卻常常被忘記）的是必須測量初壓（initial pressure）。幾乎所有隱球菌的病例，初壓都很高。

隱球菌雖為酵母菌，但其特徵是菌周圍具有多醣類的莢膜。這是使腦脊髓液變得黏稠有重量感的原因，腦脊髓液的初壓也會因此而升高。若患者因為腦壓亢進而造成持續性頭痛，為了「治療」就有必要反覆採取腦脊髓液，幫助病患減壓。因此，進行腦脊髓液檢查時，請務必測量初壓。

利用印度墨汁染色法區別其他真菌和血球

在顯微鏡下觀察以印度墨汁染色法（美國等地稱為「India ink」）染色的腦脊髓液時，因為隱球菌的莢膜無法染色，所以會看到菌體最外圍有一圈又圓又白的部分。透過這一點，就能與念珠菌等其他真菌或白血球加以區別。

話說回來，我上維基百科查了一下為何叫做「India ink」，結果原來這種墨汁是中國在西元前3000年左右的發明。後來，這種墨汁的色素傳入印度，因此被叫做「India ink」。再順帶一提，「India ink」是美國的拼法，在英國好像是寫作「Indian ink」。你若問我「那又怎樣？」我也回答不出來就是了。

臨床上最重要的隱球菌是 *C. neoformans*（新型隱球菌），但還有一種是 *C. gattii*（格特隱球菌），特徵為在非免疫抑制的患者身上也會引發疾病，近年來開始受到矚目。有時也是要用正經話收尾的。

若「去過野外」就找找看叮咬傷

恙蟲病立克次體
Orientia tsutsugamushi

在春季也要小心

日本東北、北陸

我們在秋季的野外，恭候您大駕光臨

O. tsutsugamushi

「無恙」二字根據《大辭林》（三省堂）的解釋是「沒有異常、平安無事」；而「恙」字則是「疾病等災難、災禍」之意。

恙蟲，中文的正式名稱為恙蟎，是一種蜱蟎目（Acarina）恙蟎科的節肢動物。取恙蟲這個名字，是不是要表示這是「會帶來災難、疾病的蟲子」。

在日本，作為媒介傳染恙蟲病的恙蟎有3種：赤蟲恙蟎、小盾恙蟎和粗毛恙蟎。而引起恙蟲病的並非恙蟎「本身」，而是恙蟎體內的立克次體。

恙蟲病的病因是蟲子體內的細菌

*Orientia tsutsugamushi*這個菌名，對日本人而言很好記。英文則稱作Scrub typhus。

1995年以前，這種細菌原本叫做*Rickettsia tsutsugamushi*，後來獨立出

來變成 *Orientia tsutsugamushi*。順帶一提，「*Rickettsia*」這個字很難拼，很容易拼錯。是連續兩個「t」，而不是一個。

恙蟲病流行的區域是固定的，這個區域我們稱為「恙蟲大三角」。指的是以日本北部、俄羅斯遠東為北方頂點，所羅門海、澳洲北部為南方頂點，巴基斯坦、阿富汗為西方頂點，所形成的三角形地帶。

一旦被恙蟲咬到，恙蟲體內的 *Orientia tsutsugamushi* 就會進入人體內。接著引起發燒、關節炎、疹子等多樣化的症狀。置之不理的話甚至會導致死亡，是一種頗為駭人的疾病，而且治療上經常使用的 β-內醯胺類抗菌藥，也對這種細菌完全無效，因此無法診斷時，往往就會造成治療上的失敗。

治療時所使用的是，去氧羥四環素等的四環素類抗生素。

冬季到初春時在野外被叮咬是基本的罹患模式

診斷的重點在於是否「去過野外」這個資訊。因為恙蟲不像熱帶鼠蟎會進入屋內，所以基本上罹患恙蟲病的患者，都是因為去到野外而被叮咬。如果待在都會區，就不會看到這種疾病。還有一個重點是季節，恙蟲病多半發生在冬季到初春。

只不過，日本的東北和北陸地方，有時在初夏也會出現這種疾病。報告顯示，東日本大震災後的避難者中，也有人得到這種感染症[注]。

另外，它的叮咬傷口也很特別，傷口會位在一個黑色結痂般的疹子上。因為不痛不癢，所以患者不會察覺。因此醫師在診察時，必須非常賣力地找出傷口。若是在腳部或腹部，倒是馬上就能找到，但有時會在肩胛骨附近，或是很難發現的地方，因此必須特別留心。遇到年輕的女性患者時，只要在診察時有一點遲疑，就有可能漏看（我就曾漏看）。

Orientia tsutsugamushi 雖然是革蘭氏陰性菌，卻很難實際從患者身上驗出，一般都是進行血清診斷。這種細菌有多種抗原，分別叫做Kato、Karp、Gilliam、Kuroki、Kawasaki等。

然而，保險給付的檢查項目，只有Kato、Karp和Gilliam型，因此此在診斷上有點麻煩。還真是奇怪耶。

注　　Iwata K：Journal of Disaster Research 7：746-753, 2012

孕婦要特別注意

Colony.3-5

德國麻疹病毒
Rubella virus

流行就是這麼一回事吧

討厭啦～

只要一有機會，我們就會趁虛而入，大搞破壞

德國麻疹病毒

　　寫這篇專欄的時候，日本正在流行德國麻疹（rubella，German measles）。因為預防接種的普及，所以德國麻疹在許多國家是「已消失的感染症」，但在疫苗落後國家的日本，實際上至今德國麻疹偶爾仍會流行。我所居住的神戶市，2011年有2起病例報告，到了2012年卻有54起（2012年10月的報告）。最近，我也在門診中遇到確診為德國麻疹的成

年患者。

雖然症狀「微妙」，但孕婦感染恐生出先天畸形兒

　　德國麻疹和麻疹其實要辨別頗為困難，兩者都是會發燒、起疹子的疾病。從名字來看，德國麻疹還有「風疹」或「三日疹（3-day measles）」等的別名。直到1881年，人類才發現德國麻疹和麻

72

疹、猩紅熱，是不同的疾病[注]。比起麻疹，德國麻疹往往病症較輕，輕微的發燒、輕微的疹子、輕微的淋巴結腫大、輕微的關節痛，「微妙」的症狀很多。

然而，卻不能因此小覷德國麻疹。因為孕婦感染，甚至有可能對新生兒造成影響，包括產生白內障、青光眼、腦膜炎、聽覺障礙、先天性心臟病等等（先天性德國麻疹症候群）。孕婦在懷孕前11週內感染，造成新生兒先天性畸形的可能性高達90％。造成新生兒先天性畸形的最大感染症，正是德國麻疹。

應實施「懷孕前的預防接種」

德國麻疹雖然可以透過疫苗預防，但其疫苗屬於活性減毒疫苗，因此疫苗「本身」也有可能造成先天性德國麻疹症候群。因此，孕婦施打德國麻疹疫苗，是一大禁忌。換言之，真正應該實施的是「在懷孕前接受預防接種」。美國的疫苗接種諮詢委員會（ACIP），鼓勵大家應在施打疫苗後的28天內要避免懷孕。

日本預防接種法鼓勵民眾最好在1歲及5～7歲時，接種2次德國麻疹疫苗。德國麻疹疫苗和麻疹疫苗一樣，光接種1次是不夠的。

此外，日本政府也有針對國中1年級和高中3年級的學生，提供定期接種（2013年3月為止）。國中生從1995年4月起，不止女學生，男學生也是接種

的對象。男生當然也會罹患德國麻疹。在這項預防接種法的暫定處理辦法中，只以1979年4月2日～1987年10月1日出生者為預防接種的對象（2003年9月為止）。但是，大眾對於這項暫定處理辦法卻不夠了解（你之前聽說過嗎？）。應該說，這項暫時性措施太難以理解了。

其實，在這個年齡層中，有接近3成的人沒有接受預防接種，所以才會有現在德國麻疹的流行。1979～1987年出生者，以撰寫本文的時點而言，大概是25～33歲……恰好是很容易懷孕的年齡層。

老實說，只要把沒有免疫的人「全體」列入定期接種的對象，不就得了。

順帶一提，神戶大學因為2008年的麻疹大流行，而要求「全體」職員、學生，「原則上」必須提出麻疹、德國麻疹、水痘、流行性腮腺炎的預防接種證明書（有宗教上的理由等除外）。

各位的職場最好也能建立起這樣的規定，以保護職員與職員的子女。先把自己能做到的事全部都完成，再來向國家抱怨！

注　Bellini WJ and Icenogle JP：Measles and Rubella Viruses. In Versalovic J et al (ed)：Manual of Clinical Microbiology 10th ed：1372-1387, 2011

不怕胃酸但怕殺菌藥

幽門螺旋桿菌
Helicobacter pylori

別作夢了

希望今後也能
跟您一起生活
可以的話，

我們是只要
吃了藥，
就會從胃裡
消失的
弱小存在

幽門螺旋桿菌

因為胃會分泌胃酸，所以我們常常直覺地認為，胃中的微生物會死光光。但1800年代，病理學家們接二連三地提出報告，指出「在胃中發現了細菌」。到了20世紀，病理學者們拚命地尋找，卻都無法在胃中找到細菌。1950年代，「胃中不存在細菌」成為定論。

故事還沒完。到了80年代，澳洲的病理科專科醫師羅賓·沃倫（Robin Warren）與其助手巴里·馬歇爾（Barry Marshall），提出了一項說法：「胃中果然是有細菌存在的。這種細菌就是造成胃潰瘍、十二指腸潰瘍的病因。」這項說法受到急切關注。沃倫自70年代起，就在胃中發現了細菌，因為這種細菌是從胃炎患者的胃中發現，所以他認為「這就是病因」。

從胃炎患者的胃中發現幽門桿菌

但「有細菌存在」和「這就是病因」並不能劃上等號。要確定這兩件事的因果關係十分困難，結果，馬歇爾自行喝下細菌，並觀察到自己身上出現了

急性胃炎的症狀，又進一步利用內視鏡在病變部位找出這種細菌。

此種細菌就是著名的幽門螺旋桿菌（*Helicobacter pylori*）。沃倫和馬歇爾也因為這項功績，而成為諾貝爾生理學或醫學獎得主（2005年）。

幽門桿菌是呈現螺旋狀的細菌，與梅毒螺旋體、萊姆病的致病原因菌（疏螺旋體）等細菌一樣。因為它們長得很幽暗，所以叫做幽門桿菌……開玩笑的，是因為發現於胃的幽門部位（pylorus），所以才稱作「pylori」。日文念作「匹樓里」，但英文的發音是近似「派樓里」。而「Helicobacter」非常直白，就是「螺旋狀的細菌」之意。

將殺菌列入保險適用範圍真能預防胃癌？

現在我們知道，幽門桿菌不僅會造成胃潰瘍、十二指腸潰瘍，還會引起胃癌、胃MALT淋巴瘤等疾病。

透過幽門桿菌的殺菌，可以治療胃潰瘍、十二指腸潰瘍以及胃MALT淋巴瘤。連淋巴瘤都能治療，真是太驚人了。但遺憾的是，胃癌還是需要透過手術、化學療法等一般的癌症治療方式治療。

這時，我們理所當然地會問：「那麼，透過殺菌可以預防胃癌嗎？」關於這個問題，進行綜合分析的結果，發現殺菌組和非殺菌組的胃癌發生率，分別是1.1％和1.7％，雖然在統計學上兩者具有顯著性差異，但還是很微妙[注1]。這項研究的方法論也遭到了批判，而最後的結果（胃癌造成的死亡）如何，至今（撰寫本文時）仍不得而知。

2013年，以治療慢性胃炎為目的而進行的幽門桿菌殺菌，擴大列入保險適用範圍。這真的能帶來皆大歡喜的結果嗎？感覺上，結果可能會滿微妙的[注2]。

無論如何，只要進行過1次幽門桿菌的殺菌，再感染的風險就會降低。據說，在日本，1年後的再感染風險在2％以下。不過，最近南美的研究中指出，1年後的復發率為11.5％[注3]。關於殺菌所帶來的長期影響，還有必要累積更多的相關資料。

注1　Fuccio L, Zagari RM et al：Ann Intern Med 21：121-128, 2009
注2　http://jbpress.ismedia.jp/articles/-/37247　JB PRESS，2013.03.05附（閱覽日2013年3月25日）
注3　Morgan DR, Torres J et al：JAMA 309：578-586, 2013
參考文獻　中島敏雄：よくわかるピロリ菌と胃がんのはなし：松柏社，2013

普遍存在於土壤、水中的
無性生殖型

賽多孢子菌
Scedosporium

S. prolificans

　　賽多孢子菌（*Scedosporium*）包括了*S. apiospermum*（尖端賽多孢子菌）和*S. prolificans*（多育賽多孢子菌），其中*S. apiospermum*的有性生殖型（teleomorph）擁有*Pseudallescheria boydii*（波氏假性黴樣菌）的別稱。無性生殖型（anamorph）則稱為賽多孢子菌。或許你會覺得「夠了，這也太複雜了吧！」但只要能確實掌握這一點，讓人感到眼花撩亂的菌類，就會變得不再

那麼困難，我是說真的。

因足菌腫「Madura foot」而聞名

　　這種菌普遍存在於土壤、水中，在臨床醫學上幾乎不會對人類造成任何危害。偶爾會在陳舊性結核病患者的支氣管鏡檢查中發現，但多半只是移生菌，可以直接忽視。

　　賽多孢子菌是因為會造成足菌腫

（mycetoma）而聞名。古印度經典《阿闥婆吠陀（Atharva Veda）》中，也能找到關於足菌腫的記載，這種疾病是真菌生成的團塊所造成的腫瘤狀病變，主要發生在腳部。因為發現於印尼的馬都拉島（Pulau Madura），因此「Madura foot」的別名也十分常見（在醫療臨床經常使用這個稱呼）。

賽多孢子菌以外的真菌（*Madurella*等）也會引起足菌腫，因此十分複雜，此外又有會引起相當類似現象的actinomycetoma（放線菌性足菌腫），所以更加複雜了。actinomycetoma過去也被認為是由真菌所引發的足菌腫（所以名稱才會還留存著myco，這個代表真菌的字根），但事實上，這是名為actinomycetes的細菌（放線菌）所造成的感染症。關於actinomycetes之後再找機會說明吧，有機會的話。畢竟，actinomycetoma可不是真菌，因此為了和actinomycetes加以區別，它們作為mycetoma的致病原因時，又可稱為「eumycetes」。「eu-」就是指「真正的」。

「海嘯肺」的致病菌也有 「伺機性感染」的重症病例

311東日本大地震時，賽多孢子菌引發了「海嘯肺」，因而成為專家們矚目的焦點[注1]。海嘯肺就是存在於土壤中的真菌被吸入肺部，而引發的炎症。

近年，免疫抑制者中心出現了賽多孢子菌的瀰漫性感染，以及伴隨而來各種臟器的深部感染的病例報告。賽多孢子菌先是以隱性感染的方式留存在體內，等待患者呈現免疫抑制的狀態時，賽多孢子菌就會趁此機會引發重症感染，也就是所謂的「伺機性感染」。接獲的病例報告中，有正在接受白血病治療的嗜中性白血球低下患者、先天性免疫功能不全的慢性肉芽腫病（CGD）患者、先天性免疫球蛋白E症候群（賈伯斯症候群，Job's syndrome）患者、臟器器官移植患者等等[注2]。

S. apiospermum病例多 S. prolificans難以治癒

賽多孢子菌的重症感染病患預後不佳。*S. apiospermum*的病例較多，但其中許多都能透過Voriconazole等的抗真菌藥加以治癒（至少在實驗室是如此）。*S. prolificans*則找不到特別有效的治療藥物，目前在治療上似乎苦無良方。我個人不曾遇到過這種病例，也不想碰到就是了。Terbinafine與唑類（Azole）、Amphotericin B與Pentamidine（！）的合併藥物療法說不定能有效治療[注2]。

....

注1　Nakamura Y, Utsumi Y et al：J Med Case Rep 5：526, 2011
注2　Cortez KJ, Roilides E et al：Clin Microbiol Rev 21：157-197, 2008

....

唯一經由空氣傳染的疱疹病毒

水痘帶狀疱疹病毒
Varicella-zoster virus

　　會在人類身上引發疾病的疱疹病毒有8種，水痘帶狀疱疹病毒（varicella-zoster virus, VZV）是其中一種。這是唯一以空氣傳染的疱疹，因此十分容易造成流行。

　　疱疹病毒有幾項共通特徵。其一，發病者分為初次感染和再度活化（reactivation）；其二，感染過一次後，（恐怕）就不可能從身上完全去除，所以才說「Once herpes, always herpes」。順帶一提，herpes在英文中音近「哈皮斯」。這個字原本在希臘文中是「爬行」之意，到了近代拉丁文中，轉為「皮膚發疹」之意[注1]。

診斷時要「仔細檢查皮膚」

　　初次感染VZV時，皮膚會起水痘（varicella），也就是會在全身起水疱。這種多半不用治療就會自然痊癒。然後，它們會賴在三叉神經節、背根神經節的地方不走，而且一賴就是幾十年。

然後，因年齡增長、使用類固醇等，而產生免疫抑制狀態時，它們就會沿著皮膚的感覺神經起疹子。這就是帶狀疱疹（herpes zoster）。在日本，有些地方稱之為「胴卷」，其日文原意是指一種包裹在腹部的帶狀袋子。帶狀疱疹可是相當痛的。

只要看到水疱伴隨會痛的疹子，沿著皮節（dermatome）生長，就能立即診斷出這是帶狀疱疹。甚至不需要接受任何檢查。

荷蘭的一般醫療醫師，在臨床診斷出帶狀疱疹的正確率高達90%以上[注2]。不過，仍有1成左右的錯誤機率，所以還是不能輕忽大意。醫師若沒有仔細觀察皮膚，就會出錯。重點在於，只要病人有感受到任何疼痛，就必須想到帶狀疱疹，並仔細檢查皮膚。

要注意無皮疹性帶狀疱疹

事實上，還有一種是無皮疹性帶狀疱疹（zoster sine herpes），這種只能透過疼痛的症狀來大略判斷是否為帶狀疱疹。不少以頭痛、胸痛、腹痛為主訴的病人，因為醫師沒有想到是帶狀疱疹，而只拿到醫師開的頭痛藥或Buscopan®（補斯可胖®），就被打發回家。

如果太晚診斷出來，就會演變成藥石罔效。一般來說，必須在發病72小時內使用抗病毒藥。早期治療具有改善皮疹、減輕併發症（帶狀疱疹後神經痛）

的效果。在日本，現有的抗病毒藥為Valaciclovir（袪疹易®）和Famciclovir（抗濾兒®），兩者的效果被認為勢均力敵[注3]。醫師經常會使用類固醇來預防帶狀疱疹後神經痛，但在綜合分析上，其預防效果是遭到否定的[注4]。

此外，因為病毒有可能透過三叉神經而使眼角膜受損，甚至造成失明，因此一定要進行眼科會診。尤其，鼻頭上起疹子時，就要小心眼睛的併發症（Hutchinson's sign）。

水痘疫苗的效果已在臨床實驗上得到驗證，因此許多國家都將其列為定期接種之疫苗[注5]。帶狀疱疹也有疫苗（Zostavax，日本未承認），在美國他們倡導50～59歲的民眾施打此疫苗。研究顯示，相較於使用安慰劑，施打疫苗可使帶狀疱疹的發病率，從6.6／1000人／年減至2／1000人／年[注6]。像日本這樣每年都在托兒所中引發水痘的流行……是非常愚蠢的，我說真的。

注1　摘自《藍燈書屋英和大辭典第二版》（小學館）
注2　Opstelten W, van Loon AM et al : Ann Fam Med 5 : 305-309, 2007
注3　Tyring SK et al : Arch Fam Med 9 : 863-869, 2000
注4　Cochrane Database Syst Rev. 2008
注5　Vázquez M, LaRussa PS et al : N Engl J Med 344 : 955-960, 2001
注6　Schmader KE, Levin MJ et al : Clin Infect Dis 54 : 922-928, 2012

造成子宮頸癌的病毒

人類乳突病毒
Human papillomavirus

Colony. 3-9

既然出石田
不肯多說，
那我也閉嘴

HPV

感覺上，似乎愈來愈多人只能用「要這個？還是要那個？」的二元論來討論事情了。可能是受到邁可・桑德爾（Michael Sandel）教授的影響吧。像是問說「該不該為了救5個人而殺死1個人」之類的。

真正重要的是，不要讓自己陷入火燒屁股的緊急狀況中。一旦情況危急時，人就會被逼得走投無路，於是只剩下這類悲哀的選項。過去，在討論避孕策略的議題上，曾經爭論過「用保險套？還是用避孕藥？」。這種爭論真的很無聊，兩種都用不也是一個選項嗎？

依HPV的類型不同而造成不同疾病

雖然人類乳突病毒（Human papillomavirus, HPV）會透過性交而感染，但大多數的情況下，病毒會潛伏在體內，不會引發任何症狀。不過，它們有時候還是會引發疾病。HPV的種類是按數字區分，不同的種類會引起不同的

疾病。所引發的疾病大致可分為「疣」和「癌」，其中最常見的是尖銳濕疣，HPV6型或11型等10以上的類型可能造成此種疾病。至於「癌」，最常見的則是子宮頸癌，這是由HPV16、18型等，同樣是10以上的類型所引起。

　　子宮頸癌是可能致死的重大疾病。患者年齡層較輕，我就曾見過10多歲的患者。雖然這麼說可能會被批評是年齡歧視，但我覺得會造成兒童或年輕人死亡的疾病，比起使高齡者致死的疾病，總是會帶給人較大的震撼。

　　雖然也有人認為，子宮頸癌的預防並不能降低總死亡率，但一聽到預防就覺得「一定得讓總死亡率下降」的想法，也只是一種意識形態而已。

　　有研究指出，使用保險套能讓女性感染HPV的病例減至一半以下[注1]。此外，日本也有關於癌症篩檢的病例對照研究（case-control study），浸潤性癌症有可能因此減少8成以上[注2]。因此，保險套、癌症篩檢都能有效預防子宮頸癌，但兩者都無法使風險歸零。而現實中，不戴保險套的男性很多，不來醫院做篩檢的女性也很多。尤其，日本雖為先進國家，但接受子宮頸癌篩檢的受診率卻相當低（在OECD的資料中為37.0％，2010年）。

疫苗的不良反應
雖然不滿0.1%

　　因此，接著要來說說HPV疫苗。

首先，在針對HPV16型之疫苗的臨床研究中，受HPV感染之比率在安慰劑組占3.8％，在疫苗組則為零，這在統計上是具有顯著性差異的[注3]。由於這項研究結果的鼓舞，目前有2種疫苗核可上市。分別為針對HPV16、18型的Cervarix®（保蓓），以及針對HPV6、11、16、18型的Gardasil®（嘉喜）。

　　以現階段（撰寫本文時）來說，兩者都還缺乏實證指出，這些疫苗可減少子宮頸癌或子宮頸癌所造成的死亡。此外，在日本還出現了不良反應的問題，相較於其他疫苗，此疫苗所產生的不良反應報告來得更多[注4]。雖說比其他疫苗多，但每次接種所產生不良反應的比率，也僅占0.1％。

　　究竟該如何看待這種疫苗？在目前這個時間點，我也無法斷言。無法斷言的時候，含糊其辭是很重要的。

注1　Winer RL, Hughes JP et al：N Engl J Med 354：2645-2654, 2006

注2　Makino H, Sato S et al：Thoku J Exp Med 175：171-178, 1995

注3　Koutsky LA, Ault KA et al：N Engl J Med 347：1645-1651, 2002

注4　厚生勞動省資料 http://www.mhlw.go.jp/stf/shingi/2r98520000032bk8-att/2r98520000032br2.pdf

手、腳和口……
不止如此，屁股等處也有

克沙奇病毒
（手足口病）
Coxsackie virus

※純潔的瑪利亞

10/7
發售

石川雅之

純潔のマリア3

岩田最近真是的，
老是在講病毒
都沒有菌類
出場的機會

沒辦法，
因為感染科醫師
也是要
跟病毒交手的

那我們
也來偷瘟一些
其他的話題如何？

英法百年戰爭與
魔女的故事

咕

※2013年當時

　克沙奇病毒（Coxsackie virus）是歸類於腸病毒屬（enterovirus）的一支，腸病毒則是隸屬於微小核糖核酸病毒科（Picornaviridae）的病毒群……不好意思，一開頭就搞得像在讀新約聖經一樣。

　而這個克沙奇病毒又可分成A、B兩類，然後克沙奇病毒A和B之下，又存在著A1、B2之類的子群（A分成1～22和24，B分成1～6）。有夠複雜。

　順帶一提，克沙奇病毒A23型是從缺的，就像《超人七號》的第12集[注1]一樣。A23型是因為後來改名為「伊科病毒9型（echovirus type 9）」而從缺[注2]。這些都不重要，是說，《超人七號》第12集到底要禁到何時，應該可以解禁了吧？

名字是來自
取得檢體的城鎮名稱

　克沙奇病毒會引起手足口病，英文也叫做「hand-foot-and-mouth disease」。

不過，在英文中有一個名稱十分類似的疾病，稱為「foot-and-mouth disease」，在中文稱為「口蹄疫」。這是牛之類的動物才會罹患的疾病。致病原因是口蹄疫病毒，雖然也是隸屬於微小核糖核酸病毒科，但卻是完全不一樣的疾病。我們不會從罹患口蹄疫的動物身上，感染到手足口病，希望各位不要有此誤會。

順帶一提，微小核糖核酸病毒的英文是picorna virus，這個名字聽起來很可愛，但其實因為它們是pico（微小的）RNA病毒，所以稱為picorna virus，還滿直接了當的命名。

再順帶一提，克沙奇病毒是在1940年代發現於紐約州的病毒，因其檢體來自一個名為「Coxsackie（科克沙基）」的城鎮，而得此名[注3]。

常見於兒童的手足口病
易引起集體感染但無疫苗

手足口病是較輕微的疾病，其特徵為會在身上各處起水疱。雖說如此，但不是像水痘般長滿全身，也不像單純性疱疹只長在一個地方，它是零星地長在身體各處，因此能和其他疾病加以區別。從病名來看，就能知道它經常長在手、腳、口部等處，但其實屁股、臉部等其他部位也會長疹子[注4]。不過，病名若叫「手足口屁股臉病」的話，會讓人有點抗拒吧。

雖然成人也會罹患手足口病，但患者多為兒童。發病時，並沒有那麼難受，也不太會發高燒。絕大部分在1週內就能痊癒。只不過，容易引起集體感染，而且既沒有疫苗可預防，也沒有治療藥物，因此容易在幼稚園、托兒所內造成疾病流行。在日本學校保健安全法中，也沒有停止上下學的規定[注5]，所以沒有什麼方法能抑制疾病流行。若從這個角度來看，這還真是個讓人感到鬱悶的疾病。

除了手足口病外，克沙奇病毒還會引起其他疾病。比方說，疱疹性咽峽炎（herpangina）。其症狀為數天的高燒以及只在口腔內長水疱，與手足口病的特徵不同。兩者皆為五類定點把握疾患[注6]，因此會從各個定點得到病例報告[注7]。哎喲喂呀，還真複雜。

....

注1　第12集遭抗議有將原子彈受害者當作怪獸看待之嫌，而遭到禁播。
注2　http://virology-online.com/viruses/Enteroviruses5.htm
注3　橫濱市感染症情報中心 http://www.city.yokohama.lg.jp/kenko/eiken/idsc/disease/entero1.html
注4　Habif：Clinical Dermatology, 5th ed：Mosby, 2009
注5　東京都感染症情報中心 http://idsc.tokyo-eiken.go.jp/diseases/handfootmouth/
注6　當受到指定的定點醫療機關，診斷出此五類感染症的患者或帶原者時需通報。
注7　東京都感染症情報中心 http://idsc.tokyo-eiken.go.jp/diseases/herpangina/

....

菌圖鑑

黑死或國考

Colony. 3-11

鼠疫桿菌
Yersinia pestis

好強！

英法百年戰爭中斷 甚至使得 疫情肆虐

救命

一說到瘟疫 過去會想到鼠疫

　　鼠疫的致病原因菌是鼠疫桿菌（*Yersinia pestis*），而提到「鼠疫」，就讓人想到阿爾貝‧卡繆（Albert Camus）著名的小說。「鼠疫」的法文是「La peste（陰性名詞）」。至於英文則是「The Plague」，你若想說「啊，原來在布拉格也流行過啊」，那你完全就是日本人。因為布拉格（捷克共和國的首都）的英文不是「Plague」，而是「Prague」。咦？你問我有人會蠢到這樣想嗎？有的，我當初就這麼以為。順帶一提，日文中「鼠疫」稱作「Pesuto」，這是來自德文的「Die Pest」。

　　提到瘟疫（pandemic，全球性的流行病），在現代是流行性感冒，過去則是鼠疫。有留下記錄的第一次鼠疫大流行，發生在6世紀。原本發生在埃及的鼠

疫,直接蔓延至地中海,侵襲東羅馬帝國。第二次的大流行是14世紀,當時鼠疫橫掃整個歐洲,讓歐洲人口減少2～3成。若問當時是什麼樣的時代……請參閱《純潔的瑪利亞》[注1]。

鼠疫桿菌由細菌學家亞歷山大·耶爾森(Alexandre Yersin)所發現,這也是菌名的由來。鼠疫桿菌屬於革蘭氏陰性桿菌,以野鼠等動物為傳染窩(reservoir,保有病原微生物的動物),經常是因為跳蚤叮咬傳染窩後,再來叮咬人類,而造成感染。歐洲中世紀的下水道系統並不發達,環境相當不衛生。野鼠、跳蚤繁殖興盛,因而成為鼠疫流行的溫床。

至今世界各地仍存在著「黑死病」

被跳蚤叮咬而感染到鼠疫桿菌後,會造成被叮咬的四肢的局部淋巴結腫脹,特徵是腫脹巨大而疼痛。這被稱為「腺鼠疫(bubonic plague)」。過去的人以為淋巴結是內分泌腺,而有此稱呼。接著會引起敗血症,若感染到肺部,就會引發肺炎,這就稱為「肺鼠疫(pneumonic plague)」。

在感染管制上,雖然腺鼠疫不會人傳人,但發展至肺鼠疫後,就能透過咳嗽造成的飛沫傳染,使鼠疫在人類之間(不透過老鼠)擴大流行,因此有隔離的必要。即使是相同的細菌,也會因為造成的病症不同,而必須祭出不同的因

應對策(結核病也是如此)。

受鼠疫桿菌感染的組織,會在發炎同時,形成微小血栓,使得血液無法流通。於是造成組織壞死,手腳等肢體發黑,這就是鼠疫被稱為「黑死病(the Black Death)」的由來。至於折磨醫學院學生的不是黑死病,而是國考病[注2]。

「『手腳發黑』我好像曾經在哪看過……」也許有人會有這樣想,沒錯,你曾經看過。鼠疫雖然在日本十分稀少,但至今世界各地仍有人罹患鼠疫,即使是先進國家的美國,西部仍不時會出現鼠疫患者。我曾經遇到的患者,就是剛從亞利桑那州旅行回來的。

再順帶一提,在日本有一齣名為《藪入》的落語。因為日本過去也曾流行過鼠疫……等等,這裡還是先別把故事說完,留給大家自己去看。我推薦三代目三遊亭的版本,在YouTube上就能看到。

注1　石川雅之著,good!AFTERNOON KC,講談社
注2　「黑死病」與「國考病」在日文中發音相同。

沒有治療實證的四聯球菌

氣球菌
Aerococcus

雖然做了很多調查，但你們也太不起眼了

A. viridans

這次要談的細菌不是「earo」……

真的不是「earo」。日本著名的細菌學教科書《戶田新細菌學 改訂34版》上，也是寫作「ero」[注1・2]。

最近，經常聽到關於氣球菌屬（*Aerococcus*）的話題。我本來也唸成earokokkasu（我想大部分的人都這麼唸），但在為這文章查資料時，才

發現原來日本的名稱是「ero」，不是「earo」……命名者是故意用有「色情」之意的「ero」來命名的吧？……這只是岩田個人的假設。

雖叫做「Viridans」卻不是streptococcus

總而言之，《戶田新細菌學》中只占了4行篇幅的氣球菌屬，在臨床上具有重要性的是其中的*Aerococcus urinae*

（尿道氣球菌）和 *Aerococcus viridans*（綠色氣球菌）。說到Viridans，就會想到streptococcus，但那是α溶血後會使培養基呈現綠色的細菌總稱（viridans streptococci；草綠色鏈球菌），名為「Streptococcus viridans」的細菌並不存在。因此，viridans streptococcus不是菌名，不需要打成斜體字。

目前，在mitis、anginosus、salivarius、mutans和bovis之中，經常將前3者稱為「viridans」。anginosus過去被稱為milleri，但它們是屬於容易產生膿的一群。這些也全都不是菌名，而是群組名稱，其中包含好幾種菌，而肺炎球菌其實是屬於mitis群……啊，好煩，好複雜。

極少數情況下會造成泌尿道感染及心內膜炎

再回來談色色的……不對，是氣球菌的話題。在醫療現場，幾乎看不到氣球菌，麻煩的是「在極少數情況下」還是會遇到。而且，它們會造成像是心內膜炎之類治療困難的棘手疾病，因此不能輕忽大意。

氣球菌在型態上與viridans streptococcus、腸球菌類似，四顆菌連成一串（四聯球菌；tetrad）是它們的特徵。

*A. urinae*為PYR（L-pyrrolidonyl-β-naphthylamide）試驗陰性，LAP（leucine aminopeptidase）試驗陽性。

*A. viridans*則相反，PYR試驗陽性，LAP試驗陰性。順帶一提，PYR及LAP試驗都呈陽性的是腸球菌。*A. viridans*的特徵是在無氧環境下生長不佳[3]。

「Urinae」的字根urine是尿的意思，*A. urinae*會造成泌尿道感染症（雖然*A. viridans*也會）。

此外，兩者在極少數情況下都會造成心內膜炎，因此當血液培養呈陽性的時候，就必須特別注意。據說，氣球菌造成的心內膜炎，死亡率也很高[4,5]。

大多以青黴素、青黴素與胺基糖苷類抗生素（Aminoglycoside）併用、Cefotaxime等加以治療，但至今仍沒有得到確定的治療實證。發現這種菌的時候，還是詢問一下專家比較妥當。

注1　中山浩次：鏈球菌：吉田真一、柳雄介等人（編）：戶田新細菌學 改訂34版：南山堂，p256，2013
注2　日本人經常將Aerococcus唸作earokokkasu，但正確的唸法應該是erokokkasu。
注3　Geraldine S et al：Medical Bacteriology, In. McPherson and Pincus：Henry's Clinical Diagnosis and Management by Laboratory Methods, 22nd ed：p1087, 2011
注4　Chen LY, Yu WC et al：J Microbiol Immunol Infect 45：158-160, 2012
注5　Alozie A, Yerebakan C et al：Heart Lung Circ 21：231-233, 2012

第

4

培養基

偽膜性結腸炎的致病菌

艱難梭菌
Clostridium difficile

別鬧囉！

我們家族的細菌都會「啵」地打開放出很多東西，最有名的是肉毒桿菌

要不要來「啵」一下？

C. botulinum　　　*C. difficile*

艱難梭菌（*Clostridium difficile*, CD）是一種十分棘手的細菌。它們屬於革蘭氏陽性菌的厭氧菌，也是所謂的偽膜性結腸炎的致病菌。不過，偽膜性結腸炎是涵蓋在一個更大的疾病概念——抗生素相關腹瀉（antibiotic associated diarrhea, AAD）之中。也就是說，有些AAD並非由CD所引起。此外，近年來逐漸發現，CD不只會造成腹瀉，還會引起發燒、腹痛等多樣化的臨床症狀。因此，偽膜性結腸炎也被歸類於另一個涵蓋範圍更大的疾病概念——艱難梭菌感染症（CDI）之中。簡言之，偽膜性結腸炎既屬於AAD，又屬於CDI，而AAD和CDI互相有重疊的部分，但並非同義詞……事情就是這樣。

困難的診斷終於有所進展

絕對厭氧菌本來就難以培養，其中CD又更難培養。所謂「difficile」，就是指在培養上很「艱難」。CD若是暴露在含有抗菌藥的環境中，就容易產生菌群交替現象，而引發CDI。過去，Clindamycin被認為是風險最大的抗菌藥，而現在，Quinolone類或Cephem類的抗菌藥，也被認為同樣具有相當高的風險。不過，坦白說，其實任何一種抗菌藥都有可能引發CDI，就算沒有暴露在抗菌藥的環境中，有時也會透過水平感染而罹患CDI。最近，利用基因體定序所做的研究顯示，水平感染經常是透過發病病患以外的途徑傳播[注1]。簡單來說，現在我們愈來愈明白，CD是一種相當棘手的細菌。

因為培養上很「艱難」，所以過去很難診斷CDI。日本過去都是使用一種稱為「C.D. Check D-1」的分析法來檢測麩胺酸去氫酶，藉以進行診斷。但CD對此種分析法的敏感性與特異度都不甚理想，不是十分有效的診斷檢查方法[注2]。後來，醫療界又引進了能檢測出CD所製造的毒素的分析法，然而CD能製造出A與B兩種毒素，但此分析法只能檢測出毒素A。約有6%的CD只會製造毒素B，因此有遺漏的可能，並會造成問題[注3]。能同時檢測出A、B兩種毒素的檢查，是到近五年才出現。

關於CDI，在治療上也很辛苦。過去在日本，Metronidazole（服立治兒®）的適用疾病甚少，只使用在滴蟲性陰道炎等疾病上。直到2012年起，才開始使用在CDI上[注4]。

CDI治療還有許多課題

在那之前，治療上除了口服萬古黴素外，沒有其他選擇，於是這一點成了混亂的來源。日本自早期開始，就在宣導AAD中有一種稱為「MRSA腸炎」的疾病。但有另一派質疑，大多數的「MRSA腸炎病患」，會不會只是在檢測中沒有成功驗出CD，但透過口服萬古黴素得到改善的CDI。檢測與治療的不完備，使得問題益發混亂[注5]。

直到現在，無法經口攝取時的治療藥物（Metronidazole注射液），在日本依舊沒有得到認可，由此可見，日本對於CDI的醫療環境是十分不健全的。CDI是經常出現在住院患者身上的常見併發症，因此我們需要及早建立起完整的診斷與治療之體制。

注1 Eyre DW, Cule ML et al : N Engl J Med 369 : 1195-1205, 2013
注2 加藤はる：JARMAM 20 : 45-46, 2009
注3 Kikkawa H, Hitomi S et al : J Infect Chemother 13 : 35-38, 2007
注4 Rogers BA, Hayashi Y：Int J Infect Dis 16：e830-e832, 2012
注5 http://www.theidaten.jp/journal_cont/20110303J-25-2.htm

燒了又退、退了又燒的迴圈

宮本疏螺旋體
Borrelia miyamotoi

才怪，超嚇人！

真是任性哪～

至少不是蝨子而是蜱蟲，這樣就安心多了♪

B. miyamotoi

　　Borrelia miyamotoi（宮本疏螺旋體）正如名稱本身透露出的訊息，它們是發現於日本的細菌[注1]。於90年代的1995年就被發現的菌種，之所以在近年受到矚目，是因為發現在人類身上也會引起疾病。2011年有來自俄羅斯的病例報告，2013年在美國也出現了患者[注2～5]。

不具特色的
流行性感冒⋯⋯？

　　回歸熱，可不是「奇怪熱」，雖然

日文發音一樣。是因為患者會反覆不斷地燒了又退、退了又燒，所以被稱為回歸熱。致病菌是螺旋體，其中最有名的是 *Borrelia recurrentis*（回歸熱疏螺旋體）。這種細菌是以體蝨為媒介，造成人類之間的傳染。順帶一提，最近證實頭蝨也會造成 *B. recurrentis* 的傳染[注6]。會對人類造成傳染病的蝨子共3種，分別為頭蝨、體蝨和陰蝨[注7]，而陰蝨病基本上是性傳染病⋯⋯繼續講下去的話，讀者們可能都要嚇跑了，所以這個話題就到

此為止。

　　相對地，*B. miyamotoi* 則是以蜱蟲為媒介，因此它們所引發的疾病，又稱為蜱媒介回歸熱（tick-borne relapsing fever, TBRF）。

　　美國原本就有許多以蜱蟎為媒介的感染症，像是萊姆病、邊蟲病、焦蟲病等。現在又發現了 *B. miyamotoi* 所造成的人類感染症，這使得蜱蟎叮咬後的診斷流程變得愈來愈複雜。

　　B. miyamotoi 感染症的臨床症狀，包括發燒、頭痛、肌肉痛，盡是些沒啥特色的症狀。事實上，只有1成左右的患者會出現回歸熱的症狀，大多患者只會有流行性感冒般的症狀。而罹患萊姆病時，也只有不到1成的患者，會出現特徵性的「箭靶」狀移行性紅斑。聽我這麼說，各位可能會以為，*B. miyamotoi* 只會造成輕微的疾病，但實際上，它們有時甚至會引發意識不清、行走障礙等的中樞神經症狀。診斷上是採用PCR法等的基因檢測技術，治療上則是以Doxycycline等的抗菌藥加以治療。

日本尚未出現感染病例報告

　　在日本，還沒有出現 *B. miyamotoi* 的人類感染病例報告。但是，當我們重新檢驗了過去疑似罹患萊姆病的患者的檢體後，從2件檢體中驗出了 *B. miyamotoi* 的DNA[注8]。因此，有可能是因其臨床症狀「不具特色」，而被遺漏了。*B.*

miyamotoi 在日本的載體為全溝血蜱（*Ixodes persulcatus*），此種蜱蟲存在於北海道，以及本州中部地方的山間地帶。發燒的患者若曾於春至秋季進入這些地區，就有必要將此感染症列入考慮。若是反覆不斷地燒了又退、退了又燒的話，則可能性更大。

　　順帶一提，會一下發燒、一下退燒的疾病，除了回歸熱以外，霍奇金氏病（Hodgkin's disease）也很有名，但在臨床上最常見的，其實是對肝膿腫、感染性心內膜炎等疾病，不經思考地施以鹽○頭孢卡品酯、可○必妥等藥物，所造成的醫源性回歸熱。哎呀，這就真的是「奇怪熱」了。

注1　參考國立國際醫療研究中心醫院國際感染症中心　忽那賢志醫師的公開檔案http://www.slideshare.net/kutsunasatoshi/b-miyamotoi
注2　Platonov AE, Karan LS et al : Emerg Infect Dis 17 : 1816-1823, 2011
注3　http://idsc.nih.go.jp/iasr/32/382/fr3822.html
注4　http://www.cdc.gov/ticks/miyamotoi.html
注5　Krause PJ, Narasimhan S et al : N Engl J Med 368 : 291-293, 2013
注6　Boutellis A, Mediannikov O et al : Emerg Infect Dis 19 : 796-798, 2013
注7　関なおみ：時間の止まった家　「要介護」の現場から：光文社，2005
注8　http://www.nih.go.jp/niid/ja/relapsing-fever-m/relapsing-fever-iasrd/3881-pr4046.html

＊感謝　宮本疏螺旋體一文，參考了國立國際醫學研究中心醫院國際感染症中心的忽那賢志醫師的公開檔案，特別在此致謝。

著色芽生菌病
又稱黑色酵母菌症，
在日本有7成
是我們導致的

我們這叫
受歡迎，
好嗎？

F. pedrosoi

有一大堆
名字的傢伙，
通常都是壞人

氮氣

　　Fonsecaea pedrosoi（貝德羅索氏芳沙加菌）是普遍存在於環境中的真菌。因細胞壁上含有黑色素，而會形成黑色菌群，它們是其中一種有黑色真菌之稱的真菌[注1]。*F. pedrosoi* 是造成著色芽生菌病（chromoblastomycosis）的病因。話說回來，這次真是一個不論用英文唸，還是用中文唸，都會舌頭打結的主題。請大家有所覺悟。

**有時是○○，
有時又是××……**

　　1911年，在巴西的聖保羅發生了著色芽生菌病（chromoblastomycosis）的首起病例。從慢性的皮下組織病變中，檢測出會伴隨發生色素沉澱的真菌，於是確定了此種疾病的存在。後來，在新大陸接二連三地出現相同的病例報告。

1927年，位於阿爾及利亞的巴斯德研究院（Pasteur Institute）也出現了病例報告，證明此疾病也存在於「舊大陸」[注2]。在日本，雖然數量較少，但仍有病例報告被提出[注3]。基本上，此疾病多存在於開發中國家，而已開發國家中的許多病例報告，都是來自日本。不知道是不是因為在潮濕悶熱的地區，較常發現這種疾病？

此疾病擁有各式各樣的別稱，像是黑色芽生菌病（black blastomycosis）、疣狀皮膚炎（verrucose dermatitis）、螞蟻窩（anthill）、皮膚著色芽生菌病（cutaneous chromoblastomycosis）、著色真菌疣狀皮膚炎（chromomycotic verrucose dermatitis）、芽生菌疣狀皮膚炎（blastomycotic verrucose dermatitis）、佩德羅索氏病（Pedroso's disease）、豐塞卡氏病（Fonseca's disease），連「七面人」多羅尾伴內都不得不甘拜下風。看到那麼多病名，大家可能閱讀得很辛苦，不過我也寫得很辛苦。

小腿的皮膚上
出現花椰菜狀增生物

順帶一提，Pedroso就是聖保羅首起病例報告的通報者。而說到Fonseca，我個人就會想到在烏拉圭和拿坡里的足球隊中，都同樣穿著水藍色制服踢球的丹尼爾・豐塞卡（Daniel Fonseca），不過這事兒一點都不重要。看起來，這應該是巴西真菌學者的名字吧，如果有人知道這個字是怎麼來的，還請不吝賜教。

著色芽生菌病在臨床症狀上的特徵是，皮膚會長出慢性的疣，更精密地說，是長出慢性的花椰菜狀增生物，且經常長在小腿上。起初，看起來像是燙傷或癌症，但實際上是感染症造成的。我曾在柬埔寨遇過1起病例，最初看到的感覺是：「這是蝦咪碗糕？」最近，將學術資源開放在網路上供使用者自行取用的論文愈來愈多，因此大家都能看到相關照片[注4、5]。只要透過皮膚切片檢查的病理結果，看出Medlar body是肉芽腫病變，就能診斷出病因。此外，F. pedrosoi也會造成鼻竇炎、角膜炎，有時還會引發膿腫。治療方式在內科為Flucytosine（5-FC）、Itraconazole、Terbinafine等的口服藥物，其他還有液態氮及外科性治療等[注2]。

注1　下川修：皮下真菌症の原因菌：吉田真一、柳雄介等人（編）：戶田新細菌學改訂34版：南山堂，pp762-764，2013
注2　López Martínez R, Méndez Tovar LJ：Clin Dermatol 25：188-194, 2007
注3　Ito K, Kuroda K et al：Bull Pharm Res Inst 68：9-17, 1967
注4　Yap FB：Int J Infect Dis 14：e543-e544, 2010
http://www.sciencedirect.com/science/article/pii/S1201971209003117
注5　Troncoso A, Bava J：N Engl J Med 361：2165, 2009
http://www.nejm.org/doi/full/10.1056/NEJMicm0807060

是絲狀又是酵母的二相性真菌

巴斯德伊蒙菌
Emmonsia pasteuriana

又是一個「這什麼玩意兒？」的菌類。

地球幅員遼闊，感染症的世界高深莫測。即使邁入了21世紀，還是不斷有從前不為人知的感染症被發現。在HIV感染、免疫抑制劑等的影響下，連過去認為「無致病性」的「弱毒菌」，都開始在人類身上引發疾病。

待在感染症這個業界，還真是不愁沒飯吃啊。

*Emmonsia*是表裡不一的雙面人……!?

撒哈拉沙漠以南的非洲大陸，是全球最大的HIV/AIDS蔓延地帶。除了罹患HIV/AIDS本身的問題外，因為HIV/AIDS會造成細胞性免疫抑制，進而導致伺機性感染，這也成了一大問題。因為一般認為，非洲的病原體與世界其他區域，有著不同的人口統計特徵

（demographics，人口統計學上的屬
性）。

　　伊蒙菌屬（*Emmonsia*）為二相性
真菌。「二相性」是指會根據溫度，變
成絲狀真菌或變成酵母菌的表裡不一雙
面人……不對，是雙面菌。它們在自然
界、土壤（也就是低溫狀態）中，是絲
狀真菌（像絲一般會翩翩飛舞的真菌）；
在感染對象（也就是高溫狀態）中，是
酵母狀（會閃閃發亮）。

　　二相性真菌中，有五種特別著名
的真菌：*Histoplasma capsulatum*、
Coccidioides immitis、*Blastomyces
dermatitidis*、*Paracoccidioides
brasiliensis*，以及*Penicillium marneffei*。
這五種真菌有著相同的特徵，就是主要
會在免疫抑制者身上引發瀰漫性感染。
以前介紹過的賽多孢子菌（第76頁）是
具有兩種繁殖型態：有性生殖和無性生
殖。這和二相性真菌完全是兩回事，希
望大家不要搞混。

在非洲的AIDS患者身上
發現感染

　　*Emmonsia parva*是美國西南部、
澳洲、東歐的本土性真菌，有時會在
人類身上引發疾病。*E. crescens*也會
從人類身上檢測出來，兩者都是造
成呼吸器官感染的單芽胞囊黴菌病
（adiaspiromycosis）的致病原因。

　　而這次介紹的*E. pasteuriana*，在人
類身上造成疾病的報告僅有1例，當事人

是一名義大利的漸進愛滋病患[注1]。但因
為這是一個例外中的例外，所以長久來
為人所遺忘，一直到最近。

　　研究者針對位於南非共和國開普敦
的醫院中的AIDS病患，進行徹底調查後
發現，2003～2011年有13名患者感染了
E. pasteuriana[注2]。這13名都是20～39歲
的患者，其中8名為男性，5名為女性。
在日本，男性同性戀者占了HIV/AIDS
患者的絕大多數，但在非洲不同，那裡
罹患HIV/AIDS的女性也相當多。他們
的CD4陽性T細胞數在10～44之間，細
胞性免疫已呈支離破碎的狀態。其特徵
為會伴隨發生全身性的皮膚病變，這也
是免疫抑制者受到瀰漫性真菌感染時，
會發生的共通性特徵。他們的預後意外
良好，其中3名患者死亡，1名患者失去
追蹤（lost to follow-up），其餘的患者
在接受抗真菌藥和抗HIV治療後復原，
持續透過門診接受診療。

　　所以說，我們身為感染科醫生的
人，註定了要永恆不斷地學習下去。這
到底是一件「苦哈哈」的事呢？還是永
遠不會乏味的樂趣呢？從一個人會怎麼
看待這件事，就可以知道此人適不適合
這個業界。

注1　Gori S, Drohuet E et al : J Mycol Med
　　　8 : 57-63, 1998
注2　Kenyon C, Bonorchis K et al : N Engl J
　　　Med 369 : 1416-1424, 2013

長在炎熱地區植物上的真菌

鉤形突臍孢菌
Exserohilum rostratum

Colony. 4-5

這真是厚顏無恥

這真是易如反掌～

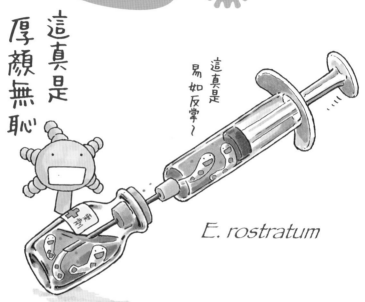

E. rostratum

　　黴菌這種東西，就是會長在一些令人意想不到的地方。有時這些意外的相遇，甚至會帶來偉大的醫學發現。亞歷山大·弗萊明（Alexander Fleming）會發現青黴素，也是屬於這種偶然之下的產物。

　　雖說如此，但大多數看到黴菌的時候，都是造成我們困擾的時候。順帶一提，麵包上長青黴菌時，只把發黴的部分切掉，還是不能吃唷。因為即使肉眼看不到，菌絲也已經一路長到麵包的另一頭了。

　　要像《風之谷》一樣，懷著覺悟告訴自己：「這個麵包已經沒救了。」但實際上，就算把發黴的食物吃下肚，多半也都不會怎樣（但不保證絕對不會怎麼樣）[注1]。

　　話說，長在麵包上的青黴菌，還算是可愛的，如果黴菌長在太誇張的地方時，事情可就大條了。

98

令人費解的腦膜炎致病微生物

美國自2012年9月開始流行一種令人費解的疾病，這是在院內發病，且只有在進行硬脊膜外注射後才會發病的腦膜炎[注2、3]。造成此疾病的致病微生物很多，其中多數是真菌。

後來發現，原因是出在受汙染的注射用Methylprednisolone上，其中占絕大多數的致病微生物是鈎形突臍孢菌（*Exserohilum rostratum*）。

*E. rostratum*是在1970年代，由李歐納德（K.J. Leonard）所發現，它是種生長在炎熱地區植物上的真菌[注4]。過去對它的認知是玉米等穀物的病原體，但因這種真菌混入了三批注射用類固醇中，因而引起醫源性腦膜炎的集體感染。為何會有三批注射用類固醇遭到汙染，至今仍未找出確切的原因，但汙染似乎是發生在配藥的藥局內[注3]。

*E. rostratum*對人類的致病性，原本是很弱的。像是這次，雖有超過1萬人注射了受到汙染的類固醇，但實際發病的只有328人，其中265人是罹患中樞神經系統感染症（檢測出*E. rostratum*的有96人，其他患者是受到其他真菌感染）。除了腦膜炎外，還有些人是罹患蛛網膜炎、腦中風、硬腦膜外膿瘍等疾病。

但這次的集體感染，可不能當作一件「沒什麼大不了的事」。因為這次的集體感染中，共有26人死亡，而最大的死因是腦中風。

最重要的是防範再度發生

似乎有很多抗真菌藥能夠對付*E. rostratum*，這次的集體感染中，絕大多數的患者也都接受了抗真菌藥的治療[注2]。今後，透過研究的累積，可望找出最佳的治療方式……不對，應該是要防範此種事態的再度發生才對。

我們理所當然會認為，醫療藥品使用起來一定是安全的，但沒有人能保證絕對萬無一失。像是硬腦膜移植的庫賈氏病（Creutzfeldt-Jakob Disease）[注5]，支氣管鏡汙染所造成的感染[注6]都是如此。我們有必要不斷投入心力，來為醫療安全把關。

注1 http://edition.cnn.com/2009/HEALTH/08/11/food.safety/
注2 Chiller TM, Roy M et al : N Engl J Med 369 : 1610-1619, 2013
注3 Smith RM, Schaefer MK et al : N Engl J Med 369 : 1598-1609, 2013
注4 http://blogs.scientificamerican.com/artful-amoeba/2012/11/12/just-what-is-exserohilum-rostratum/
注5 http://www.nanbyou.or.jp/entry/240
注6 Kirschke DL, Jones TF et al : N Engl J Med 348 : 214-220, 2003

亞熱帶地區水或土壤淤塞之處

類鼻疽伯克氏菌
Burkholderia pseudomallei

不只難以分辨，還很惡質，

真是難搞！

還真的很敢說哩

結城螢（男）

　有一種疾病叫做類鼻疽。鼻疽是指鼻子的皮膚病，而「類」鼻疽則是一種類似鼻疽的疾病。鼻疽菌名為*Burkholderia mallei*，鼻疽基本上是發生在馬之類的動物身上的感染症。

　類鼻疽的致病菌是*Burkholderia pseudomallei*。「Pseudo」是「有點像～（但不一樣）」之意。只不過，英文中鼻疽是glanders，類鼻疽是melioidosis，所以兩者其實差異頗大。Melioidosis是希臘文，「melis」是鼻疽以及驢子所罹患的類似疾病的總稱。「eidos」是「與～相似」之意。

　1911年，研究者在緬甸國（現為緬甸聯邦）從已經死亡的「有點像鼻疽」的患者身上，首次檢測出*B. pseudomallei*這種細菌。當初取名為*Bacillus pseudomallei*，隨後改名為*Pseudomonas* pseudomallei，1993年起又改為現在的名稱。

類似結核桿菌的「定時炸彈」!?

B. pseudomallei自亞熱帶地區的水或土壤淤塞之處被檢測出來。尤其是在泰國東北部及澳洲北部，它們可能是造成這些地方的社區型感染症的最大病因，所以相當恐怖。在其他像是南亞、東南亞全區、中美、南美北部（也就是委內瑞拉、厄瓜多共和國、哥倫比亞一帶）等地，也能發現此種細菌。一般認為，此菌不存在於日本境內的土壤中，因為日本的病例報告都是境外移入病例（在2014年4月撰寫本文當時，共有10起病例報告）。柬埔寨是我會定期前往的國家，在那裡看診時，也曾遇過幾起類鼻疽的病例。

據說，沒有潛在疾病的健康者受到感染時，絕大部分都會變成隱性感染，而典型會發展成重症的，則是糖尿病患者、類固醇口服患者等的免疫抑制者。感染後，可能會以急性肺炎的形態發病，也可能引發敗血症、骨髓炎、關節炎、皮膚感染症等各式各樣的感染症。

此外，有時會因病程呈現慢性發展，而難以跟結核病做出區別。感染後，還有可能在肺部造成開洞性病變，因此在結核病盛行的柬埔寨十分棘手。我過去遇到的病例，也是這種「偽結核病」。B. pseudomallei具有細胞內寄生

性的性質，這一點和結核桿菌一樣，因此有時也會和結核病一樣，歷經潛伏感染、再度活化的病程。越戰時期，吸入了此種細菌的美國士兵們，在回國後才出現類鼻疽，因此類鼻疽又被稱為「越南的定時炸彈」。此外，據說在海嘯、洪水過後，類鼻疽的病例會增加。

在治療上大多是使用Ceftazidime、Meropenem、Imipenem等藥物，再合併使用複方新諾明（trimethoprim/sulfamethoxazole）。後續再利用複方新諾明，進行為期數月的維持療法……但復發的情況也不算罕見。

問題：你能舉出幾種類似結核病的疾病？

跟各位玩個遊戲。請問，會在肺部造成空洞，讓人懷疑是結核病，但又不是結核病的疾病，你能舉出幾種？能舉出5種就算及格，能舉出10種就要為你起立鼓掌了*。

參考文獻
倉田季代子、成田和順：Modern Media 59
卷8號：216-222，2013

*　【解答範例】非典型（非結核）分枝桿菌肺病、肺吸蟲病、土壤絲菌病、類肉瘤病、華格納氏肉芽腫、肺癌、慢性肉芽腫麴菌病、組織漿菌病、肺化膿症、類鼻疽……當然不止這些，還有很多沒有列舉到的疾病！
Gadkowski LB, Stout JE：Clin Microbiol Rev 21：305-333, 2008

101

巴策爾弓形菌
Arcobacter butzleri

A. butzleri

「還是常常忘記巴（吧）」？

結論竟然不是

幸好不是那樣的結論

　　這次要介紹的是巴策爾弓形菌（*Arcobacter butzleri*）。你問我為什麼是這個細菌？當然是被菌名「butzleri」的語感所吸引……

　　弓形菌（*Arcobacter*）原本是歸類在彎曲菌屬（*Campylobacter*）中，但1991年，Vandamme等人主張將其獨立區分出來，並以新的屬名「弓形菌屬」命名之[注1]。隔年1992年，*Campylobacter*

butzleri 也被改名為*Arcobacter butzleri*。之後，*A. butzleri* 被發現也具有和彎曲菌同等的致病性，而在近年逐漸受到矚目。這樣的細菌也是存在的吧……。

從日本的雞肉、海鮮中檢驗出巴策爾弓形菌

　　弓形菌屬的細菌，有可能從無症狀者的腸道中檢驗出來，但它們也有可能

引起腸炎，或造成菌血症、心內膜炎、腹膜炎等疾病。

弓形菌屬菌所造成的腹瀉，是水狀軟便的腹瀉，至於空腸彎曲菌（*C. jejuni*）則是常常引起血便性的腹瀉，因此兩者呈現的症狀是不同的。

另外，在義大利，弓形菌屬菌曾在兒童間爆發流行。南非、比利時、法國都曾在腹瀉檢體內發現的「類似彎曲菌」的細菌中，驗出相當多的*A. butzleri*病原體。尤其近年，許多造訪墨西哥旅客因*A. butzleri*發生腹瀉，使其受到矚目。其他還有來自智利、香港、台灣、德國、澳洲的病例報告，因此可以判斷，此菌很可能廣泛分布於世界各地。

日本雖然鮮少出現病例報告，但卻經常從境內的牛肉、豬肉、雞肉中驗出，尤其雞肉中經常檢出[注2]。也曾從淡水（河川等的水）、海水中驗出，所以貝類等海鮮食物恐怕也是感染源。

此外，弓形菌屬菌也會在動物身上引發疾病，所以它們是一種人畜共通傳染病（zoonosis）的致病菌。也就是說，有被貓、狗等動物（寵物等）傳染的可能性存在。至於野生動物做為弓形菌屬菌的載體（媒介者），會對人類造成多大的影響，目前仍不得而知。

原則上無須以抗菌藥治療

弓形菌感染症在治療藥物上，目前也是所知不多。其敏感性試驗也沒有一個統一標準，因此無法確切得知哪一種抗菌藥為佳。但我們已知，多數的*A. butzleri*都對Clindamycin、Azithromycin、Ciprofloxacin、Metronidazole、Cefalexin、複方新諾明等抗菌藥，表現出抗藥性。部分實驗室中的資料顯示，Ampicillin、Tetracycline能對*A. butzleri*產生效果，但實際上該對患者使用哪種藥物，目前仍處於完全不明朗的狀態。事實上，*A. butzleri*所造成的腹瀉病，常常會自然痊癒，所以原則上無須以抗菌藥治療。而彎曲菌也是如此。多數的抗菌藥本身就是造成腹瀉的原因。比方說，對腸炎施以抗菌藥時，經常可見「雖然殺死了體內細菌，但腹瀉症狀卻變得更嚴重」的患者。醫生的工作當然是醫治疾病，而非殺死細菌「本身」。雖然不忘初衷十分重要，但做醫生的還是常常忘記。

注1　Collado L, Figueras MJ：Clin Microbiol Rev 24：174-192, 2011
注2　Kabeya H, Maruyama S et al：Int J Food Microbiol 90：303-308, 2004

「看得見」卻長不出來的時候

日內瓦分枝桿菌
Mycobacterium genavense

追著弱小的人攻擊，太過分囉！

咦？
這不就是
人類的拿手
絕活嗎？

M. genavense

會在愛滋病患者身上引發疾病但又摸不清底細的耐酸菌!?

日內瓦分枝桿菌（*Mycobacterium genavense*）是一種非結核分枝桿菌（non-tuberculous mycobacteria, NTM），分枝桿菌一旦染色，不易被強酸脫色，故又稱耐酸菌。1990年，有人在新英格蘭醫學期刊（The New England Journal of Medicine）上，發表了以「會在愛滋病患者身上引發疾病但又摸不清底細的耐

酸菌」為題的報告[注1]；接著1992年，在醫學期刊《刺胳針（The Lancet）》中，又有報告指出，研究者在18名HIV感染者身上找出了病原體[注2]，該篇報告中將病原體賦予*M. genavense*的名稱。菌名的由來很簡單，因為1990年的報告是來自日內瓦（Geneva），只不過，既然是Geneva，那菌名就應該是genevanse，而不是genavense才對吧……。不過，根據命名者Böttger等人的解釋，拉丁文中，日內瓦不是Geneva，而是Genava。原

來是這樣啊。在瑞士經常能找到這種細菌，在HIV感染者身上，它們常見程度是僅次於MAC（*Mycobacterium avium complex*）的非結核分枝桿菌。

再順帶一提，用羅勒和松子製作而成的美味醬料，是Genovese sauce（青醬），它是來自熱那亞（Genova），也就是來自義大利的義大利麵醬，和日內瓦無關。再再順帶一提，青醬義大利麵雖然是以熱那亞為名，現在卻在位於更南方的拿坡里，成了當地的著名料理。據說，青醬義大利麵是在文藝復興時期，從熱那亞流傳到拿坡里的。提到拿坡里就想到馬拉度納（Diego Maradona），提到熱那亞，日本人當然就一定會想到足球員三浦知良。

培養時的好幫手 Mycobactin J！

NTM不同於結核桿菌，它們普遍存在於環境中，水中或動物身上都能驗出NTM。有時也會移生於健康者的腸道內，但極少造成疾病。不過，在免疫抑制者身上，則會引發感染重症。在狗、鳥類等各式各樣的動物身上，也會引發疾病[3]。

M. genavense 會在HIV感染者、移植患者等的免疫抑制者身上，引起瀰漫性感染，並從血液、尿液、糞便中檢驗出來。但比起其他的NTM，*M. genavense* 的特徵就是在培養中生長不易。但在培養基裡加入一種名為Mycobactin J的物質，就能降低培養的難度，不過還是必須持續培養4個月左右，才能促使其生長。Mycobactin J是從*M. avium* subsp. *paratuberculosis* 分離出來的螯鐵蛋白[4]，它有著一個貌似戰隊的名稱，實在是太酷了。令人很想大喊：「衝啊！Mycobactin J！戰鬥吧！我們的 Mycobactin J！」

在耐酸菌染色中明明「看得見」，到了培養基裡卻長不出來時，就有可能是 *M. genavense*。透過聚合酶連鎖反應等方法，對基因本身進行檢查，也不失為一種驗證的辦法。

關於治療方式，雖然目前尚無定論，但往往會選擇常使用在NTM上的Clarithromycin、Rifabutin、Streptomycin，並進行長期治療[5,6]。

注1　Hirschel B, Chang HR et al : N Engl J Med 323 : 109-113,1990
注2　Böttger EC, Teske A et al : Lancet 340 : 76-80, 1992
注3　Kiehn TE, Hoefer H et al : J Clin Microbiol 34 : 1840-1842, 1996
注4　Schwartz BD, De Voss JJ : Tetrahedron Letters 42 : 3653-3655, 2001
注5　Santos M, Gil-Brusola A et al : Patholog Res Int 371370 : Published online Feb 19, 2014
注6　Charles P, Lortholary O et al : Medicine (Baltimore) 90 : 223-230, 2011

＊感謝　本文是受到大阪府立急性期暨綜合醫療中心綜合內科的大場雄一郎醫師的簡報所啟發，而撰寫之文章。特別在此致謝。

慢性咳嗽久久不癒……

Colony. **4-9**

百日咳菌
Bordetella pertussis

在美洲大陸、歐、英、澳……全球各地超活躍

還真棘手

HA HA HA HA HA HA

B. pertussis

咳 咳 咳

*Bordetella pertussis*是只會對人類造成感染的革蘭氏陰性菌。百日咳正如其名,是一種會讓人近「百日」咳個不停的駭人疾病。

若單純只有咳嗽那還好,要是病情惡化,甚至會引發呼吸困難。過去,日本每年都有10萬多人感染百日咳,其中,有1成的患者會因此而身亡。百日咳在英文中就叫做「pertussis」。「per-」是指「過度的」,「tussis」則是「咳嗽」的意思。

在大學等地蔓延的 「不治之咳」

1968年起,三合一疫苗(DPT)被列入定期接種後,百日咳的患者便大幅減少[注1]。然而,到了70年代,DPT的副作用引發問題,DPT的定期接種因此而暫時中斷。結果,百日咳又重新開始流行,患者增加、死亡人數也跟著升高。80年代,改成副作用較少的三合一疫苗(DTaP)後,才平息了百日咳的再度流

行。這樣的故事前面好像也說過好幾次了吧。人類就是一種會重複犯下相同錯誤的動物。不過，在英國也發生過相同的事，所以這似乎並非日本人特有的現象[2]。

那麼，現在百日咳已經不會爆發流行了嗎？當然不是。幼兒時期接種的DTaP，使得造成幼兒生命危險的百日咳大幅減少。然而，疫苗的效力會隨著時間而逐漸喪失（waning）。全球各地，在青少年時期因喪失免疫力而發病的百日咳，都有增加的趨勢。因為疫苗的效果還沒有消失殆盡，所以呼吸困難致死的病例十分稀少。然而，百日咳依然是種讓人極度不舒服的疾病，因為咳嗽久久不止，又無從治療。

如果你聽到的病例是，一個學生之類的年輕人，一直咳個不停，而且告訴你：「服用了抗生素還是好不了，班上也有很多人像我一樣咳個不停。」那你幾乎就可以認定這是百日咳了。在海外，有專為青少年追加接種的疫苗Tdap，至於日本，當然是沒有跟上國外的進度。

百日咳的抗菌藥治療，「你們這裡很怪哦，日本人」!?

診斷時，可以在痰液檢查中，驗出百日咳菌……的話就好了，目前的實情是很難檢出。在檢驗方法上，過去是做東濱株和山口株的百日咳抗體檢查，現在則是對百日咳毒素（PT）和絲狀血球凝集素（FHA），以酵素免疫分析法（Enzyme Immunoassay；EIA）檢測IgG抗體效價。只不過，FHA會和其他菌類或疫苗發生交叉反應，PT會和疫苗發生交叉反應，因此理想上是當配對血清上升時，就能診斷出病因[3,4]。但這一點在臨床上是很難達成的。

若是急性百日咳的話，可以使用Azithromycin、Clarithromycin之類的巨環內酯（Macrolides）類抗菌藥，效果良好。只不過，發病2週後，抗菌藥的效果就會幾乎完全消退，3週後對他人的感染性也幾乎會完全消失。無論站在治療的角度或預防的角度來看，使用抗菌藥來治療慢性咳嗽都是沒有意義的。

或許更該說是，無論慢性咳嗽的成因是肺癌、結核病、鼻涕倒流、ACE抑制劑的副作用、或者吸菸，抗菌藥都無法對其發揮效果。原則就是「抗菌藥對慢性咳嗽無效」，但不知為何，醫生總是會開出抗菌藥，真的是「你們這裡很怪哦，日本人」。

注1　寶樹真理：日本の百日咳の現狀：予防接種：中山書店，pp116-118，2008
注2　Baker JP：Vaccine 21：4003-4010, 2003
注3　http://www.crc-group.co.jp/crc/q_and_a/146.html
注4　2017年的現在，也可使用恆溫環形核酸增幅法（LAMP）。

與百日咳菌如出一轍（惡質版）

霍姆氏鮑特氏菌
Bordetella holmesii

看了無法分辨的人，就算知道差異也照樣分不出來喔

怎麼從外表看出你們的不同嘛～

告訴我

對啊

B. pertussis

B. holmesii

Bordetella holmesii（霍姆氏鮑特氏菌）是在1995年首次為人所知，算是比較新的微生物。令人有些困擾的是，它們經常被誤認成前文（第106頁）的百日咳菌（*B. pertussis*），使用聚合酶連鎖反應等的技術，往往無法區別兩者。

但 *B. pertussis* 是百日咳的致病菌，症狀就是咳嗽；另一方面，*B. holmesii* 不只會引發咳嗽，還是侵襲性的菌血症、腦膜炎、心內膜炎、化膿性關節炎等相當惡毒的感染症的致病菌。尤其在沒有脾臟的患者身上，容易引發菌血症。……但我們有時也會取健康成人的喉嚨組織來培養此類的菌種，這樣說起來，它們還真是莫名其妙的怪異細菌啊。

菌名的變遷也是莫名其妙!?

1983年，美國疾病管制與預防中心（CDC）整理出了14起病例，這是關於 *B. holmesii* 最早的臨床報告。當時，這個莫名其妙的細菌，果然也被取了一個莫名其妙的名字——第2類非氧化物（CDC nonoxidizer group2；NO-2）。

後來，根據DNA相關研究、16S rRNA的序列等結果，發現這種細菌是屬於鮑特氏菌屬。於是，到了1995年，便為它們取了「holmesii」這個名字。

「holmesii」是冠上了研究此細菌的英國微生物學者Barry Holmes的姓氏[注1]。至於他跟夏洛克・福爾摩斯、邁克羅夫特・福爾摩斯有沒有血緣關係，就不得而知了。

鮑特氏菌感染症增加是因為百日咳疫苗的改良？

其實，據說 *B. holmesii* 的16S rRNA 的序列，與 *B. pertussis* 的相似度高達99.5%。這也難怪會搞錯。日本在2010年至2011年之間，爆發百日咳大流行時，其中其實也參雜著感染 *B. holmesii* 造成的咳嗽症狀[注2]。

上次曾提過，在過去百日咳疫苗因副作用多，而產生問題。據說，副作用較多的全細胞性疫苗（whole cell vaccine），也能啟動對其他鮑特氏菌的免疫機能，但改良後副作用較少的非細胞性疫苗（acellular vaccine），則不具有此種免疫能力的交互作用。

80年代以後，*B. holmesii* 等百日咳以外的鮑特氏菌所造成的感染症病例，變得絡繹不絕，有人認為，這是過去被全細胞性疫苗抑制住的鮑特氏菌感染症，現在非細胞性疫苗抑制不了，所導致的現象。這樣的假說頗具說服力。

在治療藥物方面，目前情況還不是十分明朗，不過一般認為，百日咳首選藥物的巨環內酯（macrolide），其最小抑菌濃度（MIC）較高，而Quinolone、Carbapenem的最小抑菌濃度較低。臨床上來說呢，嗯⋯⋯現狀就是「還不是十分明朗」。

注1 Pittet LF, Emonet S et al : Bordetella holmesii : an under-recognized Bordetella species : Lancet Infect Dis 14 : 510-519, 2014

注2 Kamiya H, Otsuka N et al : Transmission of Bordetella holmesii during pertussis outbreak, Japan : Emerg Infect Dis 18 : 1166-1169, 2012

若長出了綠色的膿

Colony. 4-11

綠膿桿菌
Pseudomonas aeruginosa

P. aeruginosa

　　會製造出綠色的膿的綠膿桿菌（*Pseudomonas aeruginosa*），十分合情合理的名稱。會製造綠膿，是因為此種菌會分泌綠膿素（pyocyanin）和綠膿菌螢光素（pyoverdine）等色素。它們會發出帶有甘甜的獨特芳香，不過，「芳香」只是筆者的主觀看法。

　　「Pseudomonas」是由有「錯誤的」之意的希臘文「pseudes」和「單體」之意的希臘文「monas」組合而成的拉丁語，在過去是指「細菌或黴菌」。「monas」一詞，與哲學家萊布尼茲（Gottfried Wilhelm Leibniz）的所提出的概念「單子」（Monad），是來自同一個語源。「單子」是指存在物分析到最後時「不可分割的實體」（這樣的理解方

式對嗎）。所以，取名者是將綠膿桿菌看成偽裝成細菌或黴菌的生物嗎？另外「aeruginosa」是「青銅綠」之意。

許多抗菌藥都無效
明明很弱卻打不死!?

　　這種細菌常居於多水環境或土壤中，缺乏對人類的致病性，對健康的人幾乎不會有任何影響。但它們有著「對弱者很凶狠」的卑鄙性格，所以在免疫抑制者，特別是嗜中性球減少的患者身上，會造成劇烈的敗血症。囊腫纖維症（cystic fibrosis）是日本十分罕見的呼吸道疾病，罹患此疾病的原因之一，就是因為被此種細菌纏上，進而引發漫長的慢性炎症。

　　綠膿桿菌還具有阻礙抗菌藥通過膜孔蛋白通道（porin channel）的能力，因此許多抗菌藥都無法對它們發生作用。明明很弱，卻又打不死。因此，感染症初學者必須從背誦並理解「能殺死綠膿桿菌的抗菌藥名單」開始學習起。「對綠膿桿菌有效的抗菌藥」，包括了Aminoglycosides、Quinolone、Ceftazidime、Cefepime、Aztreonam、Piperacillin、Piperacillin-tazobactam、Carbapenem等等。

　　綠膿桿菌容易得到抗藥性。它們可透過各式各樣的機制獲得抗藥性，例如AmpC β-內醯胺酶的形成過剩、ESBLs或金屬 β －內醯胺酶（metallo-β-bactamase）的形成、產生能排出藥物的

幫浦、Quinolone的DNA旋轉酶突變、外膜穿透性的降低等等[注1]。因此，儘量不要無謂地使用這些「對綠膿桿菌有效的抗菌藥」。感染症診療的原則是，只有在懷疑是綠膿桿菌感染症的時候，才能使用對綠膿桿菌有效的抗菌藥。各位有沒有過於輕易地使用這些抗菌藥呢？

太空實驗
形成新結構的生物膜

　　我們知道綠膿桿菌會製造生物膜。若在導管等器材內部增生，其生物膜就會使得抗菌藥無法接觸到綠膿桿菌，進而造成感染治療上的困難。

　　2010～2011年，亞特蘭提斯號太空梭（Space Shuttle Atlantis）內進行了一項大膽的實驗，他們計畫在太空中觀察這種生物膜形成能力的變化。據說，結果綠膿桿菌在太空中，竟然形成了一般所看不到的大量生物膜，其構造也呈現出過去從未見過的新型態[注2]。

　　在學問上，這是一項新發現。只不過，如今太空梭計劃停擺，現在已完全無法預知這樣的新知識，會在未來的醫學中化作什麼樣的果實。

注1　Sun HY, Fujitani S et al : Chest 139 : 1172-1185, 2011
注2　Kim W, Tengra FK et al : PLoS ONE 8 : e62437, 2013

透過奶粉感染新生兒、嬰幼兒

阪崎氏腸桿菌
Cronobacter sakazakii

哦，你也是一夥的嗎？

喂，真是令人不悅的組合

大家好大家好

C. sakazakii

隱球菌

流感菌

腦膜炎雙球菌

肺炎鏈球菌

結核桿菌

腦膜炎一夥

　　坂崎利一（1920～2002）是研究腸桿菌科（Enterobacteriaceae）、弧菌屬（*vibrio*）等的革蘭氏陰性菌的著名細菌學家[注1]。*Enterobacter sakazakii* 就是冠上了坂崎老師之名的細菌，但實際上的發現者是一位名叫Farmer的CDC（美國疾病管制與預防中心）研究人員。事情發生在1980年，原以為是醫院中常見的*E. cloacae*，但後來發現其基因與表現型皆有所不同，而命名為*Enterobacter sakazakii*，事後又（依照慣例）改名，而得到*Cronobacter sakazakii*之稱[注2]。

奶粉汙染造成
兒童感染症的風險

　　接下來才是問題所在。

　　21世紀後發現，*C. sakazakii* 會透過奶粉（嬰兒配方奶粉）造成新生兒、

嬰幼兒的感染，有時甚至會造成腦膜炎之類的嚴重疾病。有鑑於此，世界衛生組織（WHO），與聯合國糧食及農業組織（FAO）共同發表聲明指出，C. sakazakii會帶來奶粉汙染與兒童感染症的風險[注3]。

從日本的奶粉驗出C. sakazakii的比率雖然較低，但還是曾經驗出過。一般的細菌在乾燥的奶粉中不太可能增生，但C. sakazakii卻能存活下來。

過去，對於沖泡配方奶粉的建議是，使用攝氏50℃的熱水，但這麼一來，根本不可能對C. sakazakii達到消毒效果。於是，WHO改成建議民眾以高達攝氏70℃以上的熱水沖泡牛奶，日本的厚生勞動省也跟進了這項做法。

據說，奶粉的製作方式是對生牛乳進行過濾、脫脂、加熱殺菌、調整成分，再加以乾燥而成，但即使是在嚴格的品質管理下，也很難讓奶粉達到完全無菌的狀態。食品安全與用水安全也是如此，要驅除微生物並非一件容易之事。

母乳與奶粉
應根據特性選用

這樣看下來，似乎會得到一個結論：「如果無法保證奶粉的安全，那還是母乳最安全嘛。」但不見得都是如此。HIV（人類免疫缺乏病毒）、HCV（C型肝炎病毒）等病毒，會藉由母乳造成母子垂直傳染，麻疹、結核病、單純性皰疹病毒感染等，（有時）也會在授乳時造成傳染。我們也無法否定授乳時會造成抗藥性細菌傳播的可能性[注4]。

母乳和奶粉各有其優缺點，從每種感染症的特性來看，兩者也各有千秋。只要根據母體與嬰兒的特性選用適合的種類即可。硬是要在兩者之間分出高下的意識形態，不是成熟大人當有的態度。讓人人「有得選擇」是一件非常美好的事。

注1　小池通夫：小兒感染免疫 23：1-2，2011
注2　五十君靜信、朝倉宏：IASR 29：223-244，2008
注3　Joint FAO/WHO Workshop on Enterobacter Sakazakii and Other Microorganisms in Powdered Infant Formula. Executive Summary (http://www.who.int/foodsafety/publications/micro/summary.pdf)
注4　Heath JA, Zerr DM：Infectious Diseases of the Fetus and Newborn Infant 6th ed：1179-1205, 2006

第

5

培養基

菌 圖鑑

疼痛遠不及傷口外觀的恐怖程度

羅伯菌
Lacazia loboi

Colony. **5-1**

說得真好！
這可是
多次改名的
病原菌

是不是個
好名字，
取決於
那種菌的生態

Aspergillus oryzae 的由
來與天主教會灑聖水時
的器具、「稻米」有關

人工培養不出來？
怪異菌名的坎坷經歷

　　Lacazia loboi 是一種名稱相當怪異的微生物。很多感染病專家也沒聽過這一號細菌。就連我也是一直到細菌，呃不，是最近才知道這種細菌的存在。

　　有關於這種真菌的記載，最遠可以追溯到1930年[注1、2]。巴西籍的Jorge Lobo博士主張，真菌是引發人類皮膚、皮下感染疾病的元凶。當他將皮膚病變以培養真菌用的沙鮑弱氏瓊脂進行培養後，檢驗出了真菌的存在。Lobo博士認為這就是造成疾病的原因，所以將這種細菌命名為「*Glenosporella loboi*（羅伯蜂窩小孢子菌）」。

可是，後來才發現，他所培養出的其實是已知稱為*Paracoccidioides brasiliensis*（巴西副球孢子菌）的二相性真菌。由於真正引起皮膚病的微生物，無法在人工培養下生長，因此陰錯陽差檢出了其他菌種。之後，這種「找不到的真菌」被命名為*Paracoccidioides loboi*（羅伯副球孢子菌），而此種菌所引起的皮膚病就稱為「羅伯芽生黴菌病（lobomycosis）」。羅伯芽生黴菌病這名字很酷吧。

然而，在為新的真菌命名時，除了英文之外，也需要以拉丁文記載。正因為缺少了拉丁文，有些人指出*P. loboi*並不是正式名稱。一直到了1996年，由另一位名叫Carlos da Silva Lacaz的巴西人，正式以拉丁文一併記載後，終於完成這種真菌的命名。從那一刻起，這種真菌才獲得承認，才有現在*Lacazia loboi*（羅伯菌）的名稱。Lacaz博士也巧妙地在其中加入了自己的名字，真是精明。另外，Lacaz博士和在本書第94頁「貝德羅索氏芳沙加菌」中登場的Fonseca博士是共同研究人呢。這個世界真的很小。

圓圓的真菌連在一起
就好像真菌界的鏈球菌一樣。

平時，*L. loboi*存在於土壤和水當中，人類若是透過皮膚的傷口感染，就會產生特殊的潰瘍性皮膚病。伴隨著色素沉澱的瘢痕樣病變會形成潰瘍，其特徵為外觀看起來非常恐怖，卻不太會感到疼痛。此外，也容易誤診為皮膚的利什曼病（原蟲感染）、麻風病（分枝桿菌感染）、巴西副球黴菌（paracoccidioidomycosis）等其他真菌感染性疾病，因此很難正確進行診斷。

只不過差別在於，巴西副球黴菌是假菌絲比菌體更小，其外觀看起來像以前在漫畫上有人被揍而腫起來的腫包；而*L. loboi*的特徵則是形狀相同的圓形真菌連在一起。很像真菌界的鏈球菌。

在臨床治療上，除了以外科切除患部，有時也會同步投與抗真菌藥物。巴西是個感染疾病盛行的國度，在這一層意義上，下次奧運（作者執筆當時）也有必要多多關注。

注1　Taborda PR, Taborda VA et al：Lacazia loboi gen. nov., comb. nov., the etiologic agent of lobomycosis：J Clin Microbiol 37：2031-2033, 1999
注2　Cheuret M, Miossec C et al：A 43-year-old Brazilian man with a chronic ulcerated lesion：Clin Infect Dis 59：314-315, 2014

菌圖鑑

也有不會引發疾病的類型

伊波拉病毒
Ebola virus

Colony. 5-2

像這些傢伙一樣

這麼顯眼的話

很快就會

被人類鎮壓

啊哈哈哈

真是好大的膽子

當成女巫來狩獵

日本就把我們

還沒登陸，

我們明明都

伊波拉病毒

**明明叫做「出血熱」，
卻只有少數出現出血症狀？**

　　這一節介紹的不是「菌」，而是病毒。儘管對石川老師很抱歉，但最近較為熱門的話題多與病毒有關，所以實在是不得已。此外，我個人認為，這一節登場的病毒較容易圖像化。請大家多多包涵。

　　病毒性出血熱（viral hemorrhagic

fever, VHF）具有代表性的症候群有發燒、不適、肌肉痠痛、凝血異常等，多會導致器官衰竭、休克，甚至死亡 注1。引發VHF的原因有很多，絲狀病毒就是其中之一。

　　絲狀病毒屬於具有病毒包膜的RNA病毒，其外型為纖維狀（又稱絲狀）（filament）。因為外表看起來是一絲一絲的，所以叫做絲狀病毒，只要這樣記，基本上（應該）不會出錯。馬爾堡

病毒和伊波拉病毒（Ebola virus）都是絲狀病毒。兩者皆會造成嚴重的VHF（病毒性出血熱）。

伊波拉病毒有五個亞種，其中來自菲律賓的 *Reston ebolavirus*（雷斯頓伊波拉病毒），並不會使人致病。其他的亞種都只存在於非洲（大自然）當中。

1976年在舊薩伊（現為剛果民主共和國）與舊蘇丹南部（現為南蘇丹共和國）發現了伊波拉出血熱。這兩處的伊波拉出血熱各因薩伊伊波拉病毒ZEBOV（*Zaire ebolavirus*）、蘇丹伊波拉病毒SEBOV（*Sudan ebolavirus*）所致。之後，零星地在中非各國小規模流行了幾次，一直到2014年3月開始，首次於西非造成流行（後來了解到第一例是在前一年發生），這一次造成了難以控制的大流行。

就連為了找尋對策而前往，來自先進國家的專家們都在當地不幸感染。然後在西班牙以及美國的醫院中，也引起了院內感染，結果病毒就因此傳播到了非洲以外。

儘管伊波拉病毒的自然宿主不明，但目前已知蝙蝠為其傳播媒介之一。潛伏期最長高達21天，期間不太會引發人傳人的感染。一旦發病，就會產生發燒、肌肉痠痛、全身倦怠等，有如一般病毒感染的症狀，令人意外的是很少有出血的病例。不過，因為我不喜歡三番兩次的改名，覺得就算維持原本「伊波拉出血熱」的名稱也沒差[注2]。

境外移入日本的風險較低，但屬於棘手的感染疾病

由於這種傳染病是來自距離遙遠的非洲，就「現狀」而言，病原體遭到帶入日本的可能性可說是幾乎為零。然而，日本政府決定要積極對抗伊波拉病毒，並派遣許多專家前往當地，因此外派的人數愈多，帶病毒回國的風險也會相對增加。儘管風險很低，但並不無可能。若是在非洲以外（距離日本較近）的國家引發輕度流行，病毒遭到攜帶入日的風險也會提升。

雖然死亡率高達90％，但只要在先進國家接受徹底治療，就能夠降低至20％。儘管已經陸續開發出各種抗病毒的藥物，但最重要的是在加護病房接受徹底地全身監控。對於一直以來只專注在微生物和箱子的日本醫療人員來說，這種傳染病是他們最不拿手的類型。不知道他們是否有辦法保持冷靜，並採取適切的應對。有可能嗎？

注1　Geisbert TW et al. In. Bennett JE et al (ed)：Mandell, Douglas, and Bennett's Principles and Practice of Infectious Diseases, 8th ed., 2014
注2　2014年台灣疾病管制局配合WHO將「伊波拉出血熱」改為「伊波拉病毒感染」。

除了豬之外，
也存在於許多脊椎動物

豬丹毒菌
Erysipelothrix rhusiopathiae

這次的主題
是我們啦！

不對不對，

抱歉，
我可沒有
沒那種自信

我也
這麼覺得

在召喚
我們啊？

好像有人

豬丹毒菌

VRE
迅速

白色念珠菌

乳酸桿菌

片球菌

聚集

*Erysipelothrix rhusiopathiae*就是豬丹毒菌[注]。我一直以為日文是讀作「butatandoku」，看了維基百科才發現正確的讀音是「tontandoku」。以前都不知道呢。

這是一款亙古通今，
血統純正的細菌

豬丹毒菌（我總是會不小心講成「buta」，明明這樣唸起來比較順口）是一種傳統且歷史悠久的細菌。1878年羅伯·柯霍將革蘭氏陽性菌進行分離培植，後來在1882年時，路易·巴斯德也做了分離培養。1886年發現此菌是造成豬隻的丹毒（皮膚感染疾病）的致病菌，1909年則發現在人類身上此菌同樣能致病。雖然和一般的丹毒菌（erysipelas）特性相似，但卻有點不同，因此由羅森·巴赫加上了具有「類似」意義的字尾"-oid"，將其命名為erysipeloid（類丹毒）。還真是根據傳統又淵源正確的細菌。

在世界各地都有發現這種細菌，當然在日本也有它的蹤影。如同菌名，

常常會從家畜的豬隻中檢出，不過實際上，在許多脊髓動物身上都有，就連雞、羊也會受到感染（我也是最近才知道）。據說也會移生於魚類。在家畜之間，傳染媒介似乎是塵蟎，因此這是此菌能長期存活於家畜屋舍之中的遠因。

至於人類感染的部分，畜牧業者、處理豬肉或其他肉品的相關人士，感染的案例較多。同理，由於豬丹毒菌也存在魚身上，所以漁夫也可能會遭到感染。甚至也有透過被狗或貓咬傷，而感染的案例。目前並不會人傳人。

明明是豬的「丹毒」，外表卻像蜂窩性組織炎!?

臨床上，丹毒並不是一項單獨的問題（抱歉！），在少數情況下，還是會演變成菌血症、感染性心內膜炎。另外，還有報告指出會引發腦膿腫、眼內炎、肺炎、腹膜炎等形形色色的感染案例，總之「什麼都有可能」。

丹毒是皮膚方面的感染。蜂窩性組織炎是皮膚或者皮下組織的感染，豬丹毒則多於皮下引起發炎，我認為其病態更近似於蜂窩性組織炎（不過，我不喜歡挑語病，所以不會要豬丹毒改名）。只不過，這項知識具有其現實的意義，在進行感染部位的培養時，必須採集較為深層的組織。

關於治療，基本上以青黴素較有感受性。其特徵為，多具有萬古黴素抗藥性（不知道還有沒有其他抗萬古黴素的革蘭氏陽性菌？）。

這種菌不只是人類，也會在動物身上引發疾病（話說，動物的問題還比較嚴重）。所以，家畜都必須接種疫苗。依照日本的家畜傳染病預防法，豬丹毒屬於應通報傳染病，並根據屠宰場法，必須將患畜屠殺。順帶一提，在日文當中，屠殺、屠畜等屬於歧視用語，儘管如此，不過豬並不懂吧。歧視的議論有時候都比較膚淺。

即便如此，稍微查了一下維基百科，有許多家畜傳染病的表列疾患我都不知道。由於完全都不了解，所以我想要是沒有好的理由，就不該隨意講述動物的感染疾病。

注　Gandhi TN et al. In. Bennett JE et al (ed)：Mandell, Douglas, and Bennett's Principles and Practice of Infectious Diseases, 8th ed, 2014

犬布魯氏菌
Brucella canis

感染範圍遍及
所有家畜、狗、
海洋哺乳類、
甚至人類

該說是
交友廣闊，
還是喜歡收集呢

我就當你是
在稱讚囉

「間歇熱」、「波狀熱」……奇怪的症狀

雖然並不是抱著撰寫專欄的目的而用Google搜尋「布魯氏菌」，不過這樣也不錯。布魯氏菌病（brucellosis）是因布魯氏菌屬（*Brucella*）而引發的感染疾病[注1]。由身為陸軍外科醫師的大衛・布魯斯，從歐洲馬耳他島發燒患者的脾臟中，所分離出的細菌。當時是1887年。取布魯斯（Bruce）的名稱，將細菌命名為*Brucella*。

布魯氏菌是典型的人畜共患病，也是有名的動物傳染病。在馬耳他島發現的細菌，就根據地名命名為馬耳他布魯氏菌（*B. melitensis*）；之後，又經過鑑定發現會導致牛隻流產的細菌，則稱為流產布魯氏菌（*B. abortus*）。由豬分離出來的細菌叫做豬布魯氏菌（*B. suis*）；從羊分離出的則是綿羊布魯氏菌（*B. ovis*）；而自囓齒類分離出的是沙林鼠布魯氏菌（*B. neotomae*）。然後本次的主題：分離自犬隻的犬布魯氏菌（*B. canis*）。其實布魯氏菌屬只有三個菌種，

分別是馬耳他布魯氏菌、流產布魯氏菌、犬布魯氏菌，其他則是根據生物型細分後的結果，在臨床上，其他「不同菌種」基本上都會按照前述的寫法（不同論文的說法互有差異）。

布魯氏菌屬是革蘭氏陰性桿菌，屬於胞內感染（intracellular infection）。其特徵為長時間持續發燒，包含每天退燒、發燒的「間歇熱」，還有以週為單位反覆發燒、退燒的「波狀熱」等會令診斷宅興奮的怪異症狀。其臨床症狀多元，其中多為骨骼的併發症，特別是骶髂關節炎。要是發現不明原因的骶髂關節炎，按慣例都會懷疑是否罹患了布魯氏菌病。

由於難以透過培養檢驗出來，導致診斷的難易度增加，以血液培養來說，需要花費比一般更多的時間。只要拜託醫檢師說：「我懷疑是布魯氏菌病，所以請幫我延長血液培養的時間。」就會有種很專業的感覺。不過，有數據指出，只要使用近年的自動檢測裝置，即使是布魯氏菌屬，只要5天就可以檢驗出來[注2]。

犬布魯氏菌的傳染源為「日本國內犬隻」

然而，為什麼有這麼多種的布魯氏菌屬，這次卻要介紹犬布魯氏菌呢？或許有讀者會感到疑惑。這是因為有報告顯示，其他的布魯氏菌屬都是從國外傳入的傳染病，只有犬布魯氏菌是感染自日本國內的犬隻[注3]。日本針對人類的布魯氏菌病制定了所謂的感染症法，而家畜的布魯氏菌病則是由家畜傳染病預防法約束，可是對於犬布魯氏菌病，由於狗不屬於「家畜」，因此不受到法律管束。日本國內的犬隻有2～5％具有布魯氏菌陽性抗體（帶原）[注3]。

只不過，犬布魯氏菌和其他的布魯氏菌屬相比，無論是傳染性或發病性都比較弱，在實際臨床上很少造成問題。日本人之中也有許多人體內有抗體，自列入感染症法以後，感染犬布魯氏菌病的案例，在1999～2008年當中，才僅有9例[注3]。應該不會還有很多屬於自然痊癒、錯過的案例吧。

診斷時，通常是運用前述的培養檢測、血清學反應，不過要小心，布魯氏菌會和耶爾辛氏菌、土拉弗朗西斯菌、霍亂弧菌、巴東體屬產生交叉反應，請務必注意。治療上會併用Doxycycline、胺基糖苷類抗生素（Aminoglycoside）、Rifampicin、複方新諾明，然而最好還是找傳染病的專家諮詢後，再用藥。

注1　Cem Gul H et al. In. Bennett JE et al (ed)：Mandell, Douglas, and Bennett's Principles and Practice of Infectious Diseases 8th ed., 2014

注2　Bannatyne RM, Jackson MC, Memish Z：J Clin Microbiol 35：2673-2674, 1997

注3　今岡浩一：ブルセラ症の最近の話題：モダンメディア55：2009

死亡率高達 30 ～ 40%的呼吸道感染

中東呼吸症候群冠狀病毒
MERS coronavirus

讓感染症專家精疲力盡，可是攻略人類的重點

你們仍然在世界各地橫行呢

MERS coronavirus

　　儘管名稱聽起來像合體機器人一樣帥氣，不過這指的是會引起中東呼吸症候群（middle east respiratory syndrome, MERS）的冠狀病毒（coronavirus）。MERS-CoV、MERS coronavirus都是其響亮的簡稱。在傳染病專家之間，是一項很大的議題，而媒體短期的片面報導，雖然說不上是跟風，卻總是忽略了「此時、此刻」所發生的重大問題。身為一介醫療從事人員不能如此隨便，無論是否為熱門話題，都必須根據「此時、此刻」進行應有的探討。因此，特此記錄。

在中東正流行
類似SARS的新型感染症

　　中東呼吸症候群發現於2012年，屬於較新的傳染病。冠狀病毒所導致的呼吸道感染，從名稱就可以聯想，和SARS（severe acute respiratory syndrome；

嚴重型呼吸道症候群）非常類似。以沙烏地阿拉伯為中心流行於中東各國，就連英國、美國等多個國家也出現了境外移入病例。

相較於（據說）來自於果子狸等動物的SARS-CoV，MERS-CoV則推測是傳染自單峰駱駝。單峰駱駝的英文是dromedary，「drome」在希臘文中是「跑步」，由於駱駝常用來競賽，故得其名。順帶一提，「症候群」的英文「syndrome」，是指「syn（一起）」和「drome（跑步）」同時發生，代表各種症狀同時發生的意思。再補充一下，雙峰駱駝的英文是Bactrian camel。Bactrian據說是位於現在阿富汗北部的古代王國。不但地點不同，也和MERS毫無關係。

比伊波拉病毒還可怕!?
人傳人、高死亡率

去年（2014年），MERS病例在沙烏地阿拉伯的吉達逐漸增加。根據NEJM（新英格蘭醫學雜誌）論文[注1]，在吉達確診病例的255人之中，有36.5％（93人）進入加護病房，在這255例之中，有36.5％死亡。耐人尋味的是有1／4的病例毫無出現任何症狀，在駱駝身上也只是很輕微的疾病。所以才會成為載體（媒介動物）啊。2014年5月來到了最高峰，儘管病例數正在減少，但現在（筆者於2015年執筆當時）仍然持續發現病例，已經超過了1000例[注2、3]。MERS是人傳人的呼吸道感染疾病，在吉達也有兩成以上的遭感染者是醫療從事人員。而且死亡率為30～40％，比SARS還高。在先進國家的死亡率也居高不下，老實說我認為，MERS比（感染管控相對簡單的）伊波拉病毒還要恐怖。

最近，MERS與A型禽流感（H7N9）一同被列入二級法定傳染病。在各種層面上，中東的距離已經沒有那麼遠了，稍微一閃神可能就會產生嚴重的後果。

注1　Oboho IK, Tomczyk SM et al : N Engl J Med 372 : 846-854, 2015

注2　WHO. MERS-CoV : Summary of Current Situation, Literature Update and Risk Assessment-as of 5 February 2015（http://www.who.int/csr/disease/coronavirus_infections/mers-5-february-2015.pdf）

注3　ECDC. MERS-CoV : 8 March 2015（http://www.ecdc.europa.eu/en/publications/Publications/MERS_update_08-Mar2014.pdf）

草綠色鏈球菌
Viridans streptococci

你們不要全都串在一起，按照類型一個個分開啦

不好意思，可以幫我請醫師過來嗎？

哇—

S. mutans

S. constellatus

S. oliva...

S. anginosus

　　這個會令人聯想到宇宙戰艦大和號系列中白色彗星的「草綠色鏈球菌」，並不是正式菌名。是許多鏈球菌的總稱。由於在血液瓊脂培養基上產生 α 溶血反應，而呈現綠色，才會如此命名。雖然使用「綠色」的拉丁文「viridans」，寫作viridans streptococci（複數形），但因為「不是單一細菌的名稱」，所以不是斜體字。反正，這一群外表都一樣，

個性也是半斤八兩，所以我會在這一節一併介紹。

大致上分成6組

　　1906年由Andrewes和Horder將「這類的菌」概括性地命名為 *Streptococcus mitis*（緩症鏈球菌）組注1。現在儘管細分成6組（*S. mutans* 變

異鏈球菌、*S. salivarius* 唾液鏈球菌、*S. anginosus* 咽峽炎鏈球菌、*S. mitis* 緩症鏈球菌、*S. sanguinis* 血統鏈球菌、*S. bovis* 牛鏈球菌），不過分類方法非常簡略，並沒有特定的基準。肺炎鏈球菌（*S. pneumoniae*）會產生 α 溶血反應，若依據16S rRNA鹼基排列順序，照理說應該屬於mitis組，而不是「傳統上的」viridans組[注2]。最常引發肺炎、腦膜炎的致病菌，在微生物學分類下屬於mitis組，然而在臨床上卻是完全不相像的細菌。

其他的案例像，anginosus組可細分為*S. anginosus*、*S. constellatus*、*S. intermedius* 等三個菌種。可是，在過去曾經有一段時間將 *S. constellatus*、*S. intermedius* 稱為 *S. anginosus*，甚至還有一段時期叫做 *S. milleri*（米勒鏈球菌，因為milleri的名稱相當普及，到了現在臨床上仍繼續以「過去叫做milleri的鏈球菌」稱呼）。然而，照理說anginosus組之中，不僅有會產生 α 溶血反應的鏈球菌，也有會產生 β 溶血反應，甚至混入了無溶血反應的菌種。本來產生 α 溶血反應後呈現綠色，才會叫做viridans（綠色），按照前面那種分類的話，不就喪失了這個名稱的意義了嗎？

因此，感染症專家青木真博士認為，anginosus組（以前的milleri）除了有容易形成膿瘍的傾向之外，「在臨床上並沒有其他明顯特徵」[注3]，徹底將兩者分開，筆者也認為這樣比較正確。

啊，還有一個一定要記住的是 *S. bovis* 組。包含 *S. equinus*、*S. gallolyticus*、*S. alactolyticus*。事實上已經被細分並改名，譬如 *S. gallolyticus* subsp. *pasteurinus*、*S. gallolyticus* subsp. *gallolyticus* 等等，筆者認為統統以「bovis家族」概括就好了（有些學者持不同意見）。牛鏈球菌所引發的菌血症，與大腸癌等惡性疾病有關，若是在血液中發現有牛鏈球菌的話，通常會透過內視鏡處理……因為在臨床上有這種的特性，所以應該背起來。

草綠色鏈球菌基本上存在於人類的口腔、消化道、泌尿生殖器官，但並不會使這些器官生病。不過，它們最有名的就是會引發感染性心內膜炎，血液培養時如果出現這些細菌的時候，就絕對不能不當一回事了。通常青黴素的感受性較好，在治療上較為簡單，不過如果是院內感染就有可能是免疫抑制能力較強的抗藥性細菌，因此得要多加留意。

如果您讀完本節，覺得「可以接受，完全讀懂」的話，看您是要去看個醫師，或是考慮成為感染症專家。

注1　Doern CD, Burnham CA：J Clin Microbiol 48：3829-3835, 2010
注2　吉田眞一、柳雄介等人（編）：戶田新細菌學改訂34版，南山堂，2013
注3　青木眞：レジデントのための感染症診療マニュアル第3版，医学書院，2015

性病的代表

奈瑟氏淋病雙球菌
Neisseria gonorrhoeae

Colony. 5-7

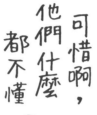

可惜啊，他們什麼都不懂

我去問一下朋友好了

奈瑟氏淋病雙球菌

　　奈瑟氏淋病雙球菌（*Neisseria gonorrhoeae*）是引發淋病的元凶[注1]。基本上屬於性病（sexually transmitted diseases），會造成尿道炎、子宮頸管炎等疾病。在某些情況下，甚至會導致直腸炎、咽喉炎。如果不知道原因的好孩子，請去請教您的朋友。

人類史上最古老的疾病!?

　　「淋」這個漢字，在日本人的日常生活中不太會用到（話說，淋病這個詞本身，或許也算不上在日常生活中會出現的單字）。根據手邊的漢和辭典，有「倒水」、「（水）滴下」的意思。後來演變成具有「寂寞（寂しい）」的意思，寫成「淋しい」。原本想說真的有人這樣用嗎？上網一查，發現日本女子二人組Wink的暢銷曲有一首就叫做「淋しい熱帶魚（寂寞的熱帶魚）」。日本人可二分為知道Wink的世代和不知道Wink的世代。開玩笑的。

淋病是沒有女朋友的人，因為很寂寞而去買春所得到的病……才怪，是根據感染尿道炎後，從陰莖滴出膿液的意象來命名。根據「大辭林第三版」（三省堂），也有寫作「痳病」這種加上疒字邊的寫法，所以很可能是從這種寫法演變成現在的字形。

淋病是人類史上目前所知最古老的疾病之一。印象中在古代中國的書籍和《舊約聖經》（利未記）中也有其記載。在西元130年左右，由蓋倫（Galen）命名為gonorrhea。「gono」與「gene」為相同的詞源，都是「種」的意義。「-rrhea」有「流動」的意思，現在仍會使用，例如rhinorrhea（流鼻涕）。根據「種的流動」的概念，無論是東方還是西方，淋病都屬於「會流動」的疾病。就好比「川流水逝不絕，而水已非原樣」[注2]的動態平衡。

與抗藥性細菌
永無止境的對抗

1879年奈瑟（Neisser）記錄下奈瑟氏淋病雙球菌為導致淋病的元凶，在1882年由Leistikow和Löffler分離培養成功。是革蘭氏陰性雙球菌。在臨床上與革蘭氏陰性球菌有關的細菌，可說是用一隻手就可以算完了，有興趣的話可以背背看（其他的也說得出來嗎？）。

1930年代，多馬克（Domagk）成功開發了磺胺藥物；再加上弗萊明（Fleming）等人的努力發現了青黴素，終於在1940年代邁向應用。當時大家都認為，淋病可以用這些抗菌藥輕易治療、消滅。但是，過沒多久，出現了對青黴素產生抗藥性的奈瑟氏淋病雙球菌，（跟平常一樣）細菌與人類之間陷入了「抗藥性細菌→新抗菌藥→細菌產生更強的抗藥性」這般有如漫畫《週刊少年JUMP》中會出現的拉鋸戰。

然而，有一項在醫學界中相當有名的「違反醫學倫理的研究」——塔斯基吉梅毒試驗（Tuskegee study），此研究是觀察梅毒患者未接受治療的病程[注3]。不過，卻很少人知道，在瓜地馬拉也曾有，同樣由美國研究員進行，違反醫學倫理的研究。這項實驗以精神疾病患者、受刑人、妓女、士兵為對象，故意替他們注射含有奈瑟氏淋病雙球菌等性病的病原體。人類真的很輕易就能想出這麼恐怖的主意，即使到了現在，這種會引發醜聞的行動，仍然持續存在於醫學界。

真正的戰役現在才開始。

注1　Marrazzo JM et al. In. Bennett JE et al (ed)：Mandell, Douglas, and Bennett's Principles and Practice of Infectious Diseases, 8th ed., 2014
注2　出自鴨長明《方丈記》
注3　Frieden TR, Collins FS：JAMA 304：2063-2064, 2010

感染症界的「變身怪醫」

腦膜炎雙球菌
Neisseria meningitidis

※岩田健太郎 著、石川雅之繪《用插畫了解感染症 with 農大菌物語》

絕對沒有！

我並不是藉機宣傳。

其實有寫到你喔。有本書

我沒有在《農大菌物語》中登場嗎？

腦膜炎雙球菌

腦膜炎雙球菌 *Neisseria meningitidis*[注] 是前一節奈瑟氏淋病雙球菌的好朋友。兩者經過革蘭氏染色後，看起來幾乎一模一樣。只差在前者抽取脊髓液，後者則以膿尿去染色罷了。相對於奈瑟氏淋病雙球菌會引發性病（STD），本節的細菌「顧名思義」是腦膜炎的致病菌。

腦膜炎雙球菌的感染病例，最開始是發生在1805年的日內瓦。以點狀出血伴隨發燒、中樞神經症狀及高死亡率著稱。在1887年經過培養、鑑定

後，命名為 *Diplococcus intracellularis meningitidis*（腦膜炎胞內雙球菌）。和奈瑟氏淋病雙球菌相同，特徵為可觀察到「嗜中性球之中」有許多細菌的革蘭氏陰性雙球菌，故有此菌名。

有感染症界的「變身怪醫」稱號。只會感染人類，平常存在於鼻子、咽喉，並不會引發疾病，但集體生活時就會爆發。在第一次世界大戰中，據說有許多士兵深受腦膜炎雙球菌感染症之苦。

全世界有3～25％的人口為腦膜炎雙球菌帶原者。可將人分成兩類，分別為腦膜炎雙球菌的帶原者以及非帶原者。隨便說說的。

然而，一旦引發腦膜炎等重症傳染病，致死率可是毫不留情地高（開發中國家為20％，先進國家也仍高達10％）。就算是倖存者，也會引起長期的神經障礙，實在是非常恐怖的疾病。

依照腦膜炎雙球菌在血清學上的分類，會使人類生病的主要有以下六種：A、B、C、W-135、X、Y。現在心裡想著「為什麼這麼難記呢？」的人，其實我也有同感。

未來在日本也可以接種

在橫斷非洲中央的地區，感染腦膜炎雙球菌的人特別多，有人將這個地帶稱為「腦膜炎地帶」。另外，中東的麥加巡禮常常出問題。一到朝聖季，世界各地的伊斯蘭教徒就會到麥加齊聚一堂，住宿方面則是採用搭帳篷，在人口如此密集的情況下，就會爆發腦膜炎雙球菌的傳染。因此，朝聖者都必須接種腦膜炎雙球菌疫苗。

一直以來腦膜炎雙球菌疫苗在日本都沒有受到推廣，到了2014年終於納入國民保險。這是一支含有血清型A、C、Y、W-135效果的四合一疫苗。可惜，日本最多的腦膜炎雙球菌屬於血清型B，近年來終於開發出針對血清型B的疫苗，2014年在美國就已經可以接受施打。

日本長久以來都是疫苗落後國，然而美國也不是（總是）走在時代的前端。其實當初歐美開發針對血清型B的疫苗時，曾經一度難產，然而卻有國家早在20世紀就已經開發成功了。那個國家就是古巴。只有內行人知道，古巴的醫療相當先進，其實力與隔壁的美國相當，甚至更優秀，並且還非常便宜。如果古巴和美國的外交關係正常化，古巴的醫療會起什麼變化呢？一不小心就多嘴了。

再額外補充，不按照表訂時間接受預防注射，後來才接種的行為，在我們的業界稱為「Catch up（後來追上）」。由於無法反應在定期接種的紀錄上，所以日本的定期預防接種在運用上可說是相當困難（代表例子：肺炎球菌疫苗）。這種制度方面的問題，也是需要Catch up（銜接）一下。這次就結束在如此意義不明的結論吧。

注　　Stephens DS et al. In. Bennett JE et al (ed)：Mandell, Douglas, and Bennett's Principles and Practice of Infectious Diseases, 8th ed., 2014

重點在於與動物的接觸經歷

菌圖鑑

Colony. 5-9

同性戀螺桿菌
Helicobacter cinaedi

像你這樣的傢伙
還是等被改名後
再來學好了。
頭好痛

啊，在下

住在犬、貓、雞、倉鼠、豬身上，
就連醫師也說我可能
屬於人畜共通傳染疾病
（zoonoses）的致病菌之一，
不過全貌仍然是個祕密

提到螺旋菌屬，
幽門螺旋桿菌比較有名，
但我們可是完全不同的

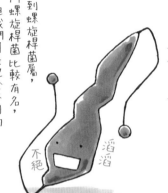

不絕

滔滔

Helicobacter cinaedi

在日本很多人都會把*Helicobacter cinaedi*的發音，唸成「cinaji」。然而，這個唸法僅限於日本，筆者認為在國際上另有其他稱呼。不過，後面我們將會談到，此種細菌在國外沒有受到任何矚目，現在，日本以外的國家也不會在學會上討論此菌。因此，並不清楚這個詞該如何發音。由於屬於非主流的細菌，就連使用「Microbiology Pronunciation Pro」這個發音的應用程式也查不到。

在遙遠的記憶中，似乎有聽過誰讀作「cinaidi」。重音落在「na」的部分。上網一查，發現在拉丁文中的發音好像是「chinaidi」[注1]。

在日本體檢項目中受到矚目
非免疫抑制者也會被感染

*H. cinaedi*因會造成愛滋病等免疫抑制患者的軟組織感染症，甚至併發菌血症而知名，屬於螺旋菌。「cinaedi」這個

字在拉丁語中代表的是同性戀。以前，似乎誤以為愛滋病是同性戀的疾病，才因此命名。這細菌本來就存在於動物的腸道裡，因此重點在於和貓、狗、倉鼠等動物的接觸經歷。

日本直到2003年以後，開始能透過採血檢驗出*H. cinaedi*，因此成了備受矚目的體檢項目。筆者試著以*H. cinaedi*為關鍵字在PubMed上搜尋，找到了117篇相關的論文（2015年7月2日在日本國家女子足球隊對上英格蘭拿下戲劇性的勝利後，深吸一口氣所進行的）。其中以本次介紹的細菌為主題的論文有62篇，有36篇論文都來自於日本，占了半數以上。特別是21世紀之後，都是日本所發表的論文。扣掉以前稱為「*Campylobacter cinaedi*（淫亂彎曲桿菌）」時的研究，日本的論文傾向性特別顯著。在日本，*H. cinaedi*感染症與同性戀並沒有絕對的關係，就連癌症患者、洗腎患者身上也有其蹤影。只不過，非免疫抑制患者也可能會感染*H. cinaedi*，甚至還有引發新生兒的垂直感染的可能性。

血液培養檢出的螺旋菌不是*C. fetus*就是*H. cinaedi*

日本的血液培養瓶，都是使用BACTEC™（日本BD公司）以及BacT/ALERT 3D（sysmex-biomerieux公司）這兩家的器材為主。但是，能成功培養出*H.cinaedi*的往往都是BACTEC™的好氧血液培養瓶。sysmex-biomerieux公司是神戶市首屈一指的企業，所以這件事不能說太大聲……。筆者本人曾多次報名神戶馬拉松，卻屢屢未抽中參加資格，不知是否是因為我把這件事給寫出來的緣故？

無論如何，就算使用BACTEC™的血液培養瓶，也很難培養成功，有時候還得花更多時間透過PCR（聚合酶鏈反應）檢驗，才能確診。基本上，在血液中發現螺旋菌，都會先假設該菌為*H. cinaedi*和*Campylobacter fetus*（胎兒彎曲桿菌）。*H. cinaedi*屬於較長的螺旋菌[注2]。

儘管臨床治療上會使用的抗菌藥物相當多元，但在日本青黴素類和喹諾酮類的抗藥性和治療失敗的案例隨處可見。通常多以四環黴素類的藥物進行治療[注3]。

注1 https://www.howtopronounce.com/latin/cinaedi/
注2 大楠清文：いま知りたい臨床微生物検査実践ガイド—珍しい細菌の同定・遺伝子検査・質量分析，「Medical Technology」別冊，医歯薬出版，2013
注3 Yoshizaki A, Takegawa H et al：J Clin Microbiol. Jun 24；JCM. 00787-15, 2015

導致急性咽喉炎的重要致病菌

壞死梭形桿菌
Fusobacterium necrophorum

少在那邊偷偷摸摸，還一副得意的樣子

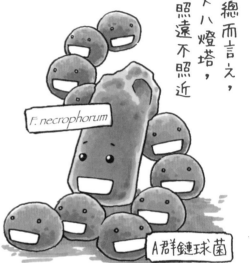

總而言之，丈八燈塔，照遠不照近

F. necrophorum

A群鏈球菌

其實很普遍，
但卻很難痊癒的感染症!?

　　Fusobacterium necrophorum（壞死梭形桿菌）和*Bacteroides*（類桿菌屬）同屬於專性厭氧的革蘭氏陰性桿菌[注1]。因會造成動物的感染疾病而出名，但1900年也曾有報告在人類身上出現了重症型的敗血症病例，自此之後，在（人類的）醫學界的認知程度才大幅提升。

　　本菌之所以在感染症專家之間如此有名，全因雷米爾（Lemierre）在1936年發表了厭氧細菌的敗血症病例[注2]。當中提到，*F. necrophorum*就是讓剛開始只是咽喉炎或扁桃腺周圍的膿腫，於內頸靜脈引發血栓性靜脈炎的高度嚴重感染症的元凶。現在這種病症稱之為「雷米爾氏症」。

　　雷米爾氏症本身是非常罕見的感染疾病，就連感染疾病的專家也不常遇

到。或許大多數的內科醫師，終其一生都不會碰上。

　　然而，最近發現這種恐怖的 *F. necrophorum* 其實非常普遍，是造成急性咽喉炎預後很差的元凶。*F. necrophorum* 的感染症完全不稀奇，症狀相當平常。

　　訂定出細菌感染急性咽喉炎的 Centor 標準的 Centor 博士闡明了這一點。雖然不是很重要，Centor 的「-or」，是 o，而不是 e。不是正中間的 center，而是有王道（日文：oudo）o 的 Centor。

　　為什麼這麼簡單的事實以前都沒有發現呢？其一，是因為在一般的咽喉培養通常無法採集到專性厭氧細菌。*F. necrophorum* 又是口腔內的正常菌叢，因此較難找到細菌存在、與疾病之間的關聯性。Centor 博士將厭氧培養進行改良，實驗結果為比起無感染症狀的學生的 *F. necrophorum* 帶原率（9.4%），患有咽喉炎的學生的 *F. necrophorum* 陽性率（20.5%）高出很多[注3]，這可是前所未有的發現。

　　Centor 博士的論文還告訴我們另一項重要的事實。就算沒有產生感染症狀，*F. necrophorum* 還是有可能會和 A 群鏈球菌（group A streptococcus, GAS，典型的細菌感染急性咽喉炎的致病菌）連在一起（1.1%）。

　　也就是說，可以畫出以下的矩陣圖。縱向欄位（列）為有 *F. necrophorum*、GAS、兩者皆無、兩者皆有。橫向欄位（行）為因 *F. necrophorum* 所致的咽喉炎、因 GAS 所致的咽喉炎、病毒性咽喉炎、混合性咽喉炎，以及無疾病。

　　例如，喉嚨紅腫，有輕微咽喉炎症狀，透過培養採集到 GAS 的話，以往都是判定為「因 GAS 所致的咽喉炎」。然而，事實上真正的凶手可能是培養卻沒有出現的 *F. necrophorum*，或者病毒也說不定。即便能證明細菌的存在，並不等於就能如此診斷。

　　事實上，這是一個非常嚴重的問題，不過礙於篇幅問題，並不加以論述。只要大家記得「總而言之非常嚴重」即可。

注1　Cohen-Poradosu R et al. In. Bennett JE et al (ed)：Mandell, Douglas, and Bennett's Principles and Practice of Infectious Diseases, 8th ed., 2014

注2　Hagelskjaer Kristensen L, Prag J：Clin Infect Dis 31：524-532, 2000

注3　Centor RM, Atkinson TP et al：Ann Intern Med 162：241-247, 2015

菌圖鑑

產生抗藥性，導致院內感染

Colony. 5-11

產氣腸桿菌
Enterobacter aerogenes

確實
如此

前 *E. oryzae*
A. oryzae

對我來說
什麼都沒變，
會感到頭痛的
只有人類而已

2015.11現在
E. aerogenes

名字一直
改來改去
真麻煩

一直都是
E. coli

　　所謂腸內細菌科，是指在腸道中有一定數量的一群革蘭氏陰性桿菌。學名以Enterobacteriaceae表示，筆者常常會忘記怎麼拼。

　　腸內細菌科並不是腸道中所有細菌的總稱，是指一部分的兼性厭氧革蘭氏陰性桿菌，其中有些屬於本節要探討的腸桿菌屬（*Enterobacter*）。在臨床上，*E. cloacae*（陰溝腸桿菌）最為有名，緊

接著是本節的*E. aerogenes*（產氣腸桿菌），然後則是*E. sakazakii*（阪崎腸桿菌）。

　　啊，*E. sakazakii*在2008年已經變更為Cronobacter sakazakii（參照第112頁）。不過在最新版的《Mandell》[注1]中，仍然寫作「*E. sakazakii*」。這樣沒問題嗎？當然沒問題啊。臨床上的感染疾病專家和微生物學專家的用語，有一些

不同。這也是必然的。譬如說，在微生物學上鼠疫桿菌屬於腸內細菌科，然而對我們感染學專家來說，並不將該菌視為「腸內細菌」。什麼？《戶田新細菌學改訂34版》注2也是寫作「*E. sakazakii*」。怎麼會這樣？

令志ん生也傻眼的更名史

大人的複雜事情還是先擺一邊，回來談談*E. aerogenes*吧。原本的學名為*Aerobacter aerogenes*，在1960年改為*Enterobacter*注3。然而，到了1971年又有人提議要變更為*Klebsiella mobilis*。確實，和克雷白氏菌屬的共通點也很多。想不到，之後經過了全基因組分析後，在2013年有人提出了「是否將菌名更改成*K. aeromobilis*比較好？」這樣的意見。真的是已經混亂到了極點，我想就連落語名人的第五代古今亭志ん生也會非常傻眼。順帶一提，志ん生在選擇「志ん生」這個名字之前，據說改了16次藝名注4。

*E. aerogenes*以造成院內感染的原因出名，會導致血流感染、肺炎、尿道感染等等。不僅如此，多數都屬於多重抗藥性細菌。其染色體中帶有產生AmpC型 β -內醯胺酶，對於像是Cefazolin這種第一代的頭孢菌素具有抗藥性。其後大量繁殖，造成對於第三代頭孢菌素也產生了抗藥性。有些甚至對於ESBL也具有抗藥性。

要治療產氣腸桿菌感染，就要觀察患者的狀態

即便在培養階段得到「對於第三代頭孢菌素具有感受性」，也很可能在治療中出現抗藥性，所以要是隨意使用Ceftriaxone，後果可能會不堪設想。俗話說「一朝被蛇咬十年怕草繩」，過度依賴碳氫黴烯類後，本來就會產生抗藥性，導致抗碳氫黴烯類的腸內細菌科細菌（CRE）成了一個嚴重的大問題。

因此，治療產氣腸桿菌感染症時，必須要仔細觀察患者的狀態。就算全身狀態良好，Ceftriaxone順利發揮功效，也決不可以掉以輕心。重要的是，每天得戰戰兢兢仔細地替患者看診。完全不理會患者的人可稱不上感染症專家。不能只把目光聚焦在細菌上。

注1　Donnenberg MS. In Bennett JE et al (ed) : Mandell, Douglas, and Bennett's Principles and Practice of Infectious Diseases, 8th ed., 2014

注2　吉田眞一等人（編）：腸內細菌科的細菌. In. 戶田新細菌學 改訂34版，南山堂，2013

注3　Davin-Regli A, Pagès JM: Front Microbiol 6 : 392, 2015

注4　關於改名次數，眾說紛紜。

菌 圖鑑

因HIV/AIDS而重要

馬玫瑰球菌
Rhodococcus equi

Colony. 5-12

結果到底是什麼？

天知道

　　首先，筆者實在無法接受馬玫瑰球菌（*Rhodococcus equi*）屬於革蘭氏陽性桿菌。因為「coccus」指的是球菌。

　　最一開始這種細菌的學名是被稱為「*Corynebacterium equi*」。「Coryne」是革蘭氏陽性桿菌。只不過由於其體積小，又帶有顆粒，所以才會看起來像球菌。因此這種細菌稱之為球桿菌（coccobacillus）。說到球桿菌，流感嗜血桿菌（*Haemophilus influenzae*）也屬

於球桿菌。而球桿菌事實上還是桿菌，因此過去才會稱為「Coryne」，結果後來改稱為「coccus」，給咱們解釋一下到底是怎麼一回事？不知不覺中變成好像帶點東映俠義電影的味道。

　　本菌是在1923年被發現，並分離出來的[注1]。這種細菌存在於土壤當中，其蹤影遍及各地，像是馬、牛、山羊、豬等動物身上也有。「equi」在拉丁文的意思是「馬的」。在日本的野生動物身上，

也有發現這種細菌的蹤影[注2]。

因癌症治療等的普及化，現在這種菌已經不稀奇!?

最早人類的感染病例發生在1967年。這份案例為一位接受類固醇治療的自體免疫性肝炎患者，後來引發空洞性肺炎、皮下膿腫，其原因為感染到*R. equi*[注1]。

該病例以後，*R. equi*感染雖然非常罕見，可說只有內行人才知道，但隨著HIV感染、器官移植、癌症治療的普及，而以主要的伺機性感染疾病受到矚目。即便如此，在臨床病例上，仍然不是常見的感染症。另外還容易與*Bacillus*（芽孢桿菌屬）、*Micrococcus*（細球菌屬）等造成實驗室汙染的細菌搞混。醫師若是判定有感染本菌的嫌疑，請務必到實驗室透過「醫檢師的眼睛」進行檢查。

有趣的是，若將*R. equi*和金黃色葡萄球菌、李斯特菌等其他細菌一起培養，就會產生綜效（加乘效果），引起溶血反應。並且，在微生物學上，大家都知道Imipenem與其他β-內醯胺類抗生素併用，就會產生拮抗作用。雖然說大家都知道，實際上誰也不了解這種狂熱分子的內容。

其感染症狀以肺炎、膿腫較為出名，據說也會引發菌血症等各式各樣的疾病[注1]。也有非免疫不全而感染的案例。要是在肺部發現結節或空洞，就要「列入肺結核的檢驗名單中」。儘管這部分不屬於標準治療程序，但由於使用複數種巨環內酯（Macrolides）等抗生素的話，治療期間相當長，最少需要6個月。只要將其列入*Nocardia*（土壤絲菌屬）或*Actinomyces*（放線菌屬）的同類，就會比較好理解。

此外，還有一種名稱怪異，叫做軟斑症（malacoplakia）的疾病[注3]。在希臘文當中，代表柔軟的斑狀物的意思。微生物雖然會被巨噬細胞所吞噬，但卻不會當場死亡，逐漸於組織球匯集。在組織學上，將這種看得到Michaelis-Gutmann小體的現象稱之為慢性肉芽腫病[注4]。反之，只要發現Michaelis-Gutmann小體就能確診為軟斑症。有很多細菌會引發軟斑症，而*R. equi*也是致病菌的其中之一。筆者好希望能夠親眼看一次。

注1　Weinstock DM, Brown AE：Clin Infect Dis 34：1379-1385, 2002
注2　Sakai M, Ohno R et al：J Wildl Dis 48：815-817, 2012
注3　Guerrero MF, Ramos JM et al：Clin Infect Dis 28：1334-1336, 1999
注4　Beresford R, Chavada R et al：Clin Infect Dis 61：661-662, 2015

第

6

培養基

於2005年被發現的「隱藏種」

遲緩麴菌
Aspergillus lentulus

只要擺在一起,就很方便比較了吧

對啊!

啊～真的不一樣耶～

A. lentulus　A. fumigatus

*Aspergillus lentulus*是一種被稱為「隱藏種」的麴黴菌。或許有讀者會想問「什麼是隱藏種?」

說到麴黴菌,《農大菌物語》的粉絲一定會首先想到米麴菌(A. oryzae),不過在醫學的領域中,通常是指煙麴黴(A. fumigatus)。常常形態上看起來是A. fumigatus,不過經過仔細研究後卻發現是不同的菌。這些細微的差別無法由

形態上進行辨別,因此將這類型的菌總稱為「A. fumigates group」注1。過去在臨床上,即使不特別做區分,也不會產生問題,因此就不需要分得太細。

然而,近年來由於微生物的鑑定技術發達,像是這般難以從形態學上來辨別的菌種,也能透過鑑定區分。現在已經不再將類似的菌種群體化,而是會仔細地鑑定菌名,以「隱藏種」等稱

呼來加以區分。在英文稱之為cryptic species。據說麴菌病的臨床案例，其中有1成是隱藏種所致。是絕對不可以輕忽的稀有存在。

和煙麴黴一點……也不像!?

A. lentulus在2005年被當成「新菌」看待。由於發育較為緩慢，因此其名稱採取「緩慢」的拉丁文。與其他麴菌相同，其特徵為會在免疫力非常低的患者身上引發侵襲性感染（invasive infection）。

事實上，一般對於麴菌有效的抗真菌藥物，例如Amphotericin B、唑類抗真菌藥（Itraconazole、Voriconazole）等，遇到A. lentulus卻常出現抗藥性[注2]。已經不能再歸類為「跟煙麴黴類似」。或許是由於抗藥性的緣故，一旦罹患其感染症，其預後都很不樂觀。總體而言，麴菌的病症通常都很難痊癒，頂多就是在程度上的差別罷了。

日本也出現了A. lentulus感染症的病例[注3]。在病例中，提出了以棘白菌素類抗真菌藥物進行治療的可能性。儘管很久以前就知道棘白菌素類對於麴菌有效，不過其治療效果和Voriconazole、Amphotericin B相比，仍然差強人意，我想這是大部分感染疾病專家的共同見解。其用藥的優先順序可能會有所改變，因此仔細地鑑定A. lentulus，在臨床上就很重要。

A. lentulus和A. fumigatus在形態上完全一致，因此插畫也是「一模一樣」。然而，以前樹教授竟然從無法由外表進行區分的各種大腸菌中，找出腸道出血性大腸桿菌O157[注4]，或許這些事在「那個世界」也能辦到……吧。

＊感謝　因聆聽京都大學醫學部附屬醫院感染制御部高倉俊二醫師的報告，獲得靈感而寫下本節。在此特別向高倉醫師表示感謝。

＊在日本關西針對想成為感染症專家的後期研修醫師，會定期舉行相關的讀書會（Fleekic）。有興趣的話，歡迎加入（http://www.med.kobe-u.ac.jp/ke2bai/）。

注1　Balajee SA et al：Eukaryotic Cell 4：625-632, 2005
注2　Alastruey-Izquierdo A et al：Mycopathologia 178：427-433, 2014
注3　Yoshida H et al：J Infect Chemother 21：479-481, 2015
注4　《農大菌物語》第1卷

洋蔥伯克氏菌
Burkholderia cepacia

我原本不知道genomovar，調查後發現是「基因型」的意思

原本還以為是遊戲的版本

安心吧與這本書相關的人，一定只有畫插畫的繪者不知道

B. cepacia

Burkholderia cepacia（洋蔥伯克氏菌）俗稱「cepacia」，屬於好氧性革蘭氏陰性桿菌。因屬於葡萄糖非發酵菌，與腸內細菌科不同，和綠膿桿菌、*Stenotrophomonas* spp.（窄食單胞菌屬）、*Acinetobacter* spp.（不動桿菌屬）是好朋友[註1]。簡單來說，它屬於稀少派的非主流菌種。

可是，非主流只是在分類上這麼說，實際上普遍存在於有水氣的環境中，根本不是什麼稀有的菌種。就好比在美國的西班牙裔人口即使已經到達了可觀的數量（根據維基百科，占美國人口的16.3％，大約有5000萬人！），仍被稱為「少數民族」。

對消毒藥物具強抗藥性
也是院內感染的致病菌

在醫院裡也有*B. cepacia*的蹤影，是造成院內感染的致病菌。

實際上，*B. cepacia*並不是單獨的存在，會依據基因的類型，再分裂成九種，因此又被稱之為*B. cepacia* complex（洋蔥伯克氏菌複合體）。基因型I和*B. cepacia*名稱相同，但基因型II卻叫做*B. multivorans*；而基因型III則是*B. cenocepacia*。是不是開始覺得煩了呢？這些基因型對於爆發院內感染等的流行病學調查，非常有幫助，不過老實說，在與個別病例對峙時卻沒那麼重要。有的基因型，還會讓呼吸道感染症狀變得一發不可收拾。

*B. cepacia*有幾個特徵，讓感染症治療難上加難。例如，容易寄生於細胞內、易形成生物薄膜等等。這些導致抗菌藥物不容易到達、難以發揮作用。即使在優碘這種消毒藥水中也可以輕易存活，在葡萄糖酸洗必泰氯中，有些也能倖存（5%希必定濃®液劑等）。

在國外，則容易定居在囊性纖維化患者的氣管中[注2]。在免疫不全的慢性肉芽腫症患者身上，則容易引發噬血細胞淋巴組織細胞增生症（HLH）。該菌群有許多具有抗藥性。在治療方面多使用Minocycline、Meropenem、Ceftazidime等。

在《Mandell》[注3]中，也強調（特別是多重抗藥性菌的）重症患者需隔離，以預防爆發感染，然而在日文的網頁上，卻寫道「沒有隔離必要」[注1]。然而，當「病房間會相互傳染，對患者帶來危害」時，隔離是必須採取的手段，所以對象並不只限於手冊上有記載的菌。所謂手冊是拿來利用，而不是被手冊利用。到底有沒有辦法能救救日本的手冊至上主義啊。行政上的監察也不要只限於手冊的完整度、有無舉行會議，希望能多從本質來評價醫療機構的感染對策……，筆者很少說這麼多認真的話，所以還是別說了。*B. cepacia*以造成洋蔥腐敗的病原體，於1950年為人所發現[注4]。「cepa」在拉丁文中是「洋蔥」的意思。

注1　ヨシダ製薬　Y's Square http://www.yoshida-pharm.com/2012/text04_02_02/
閱覽日2015年12月3日
注2　Holmes A et al : J Infect Dis 179 : 1197-1205, 1999
注3　Safdar A. In. Bennett JE et al (ed) : Mandell, Douglas, and Bennett's Principles and Practice of Infectious Diseases, 8th ed., 2014
注4　Parke JL : The Plant Health Instructor 2000 http://www.apsnet.org/publications/apsnetfeatures/Pages/Burkholderiacepacia.aspx

可從各種飲料、食物中
檢出類酵母菌

膠紅酵母菌
Rhodotorula mucilaginosa

你可不可以更正一下，改成名配角系列

又要進入不起眼的系列了

R. mucilaginosa

　　本節要介紹的是*Rhodotorula mucilaginosa*（膠紅酵母菌）。最近，老花眼愈來愈嚴重，這種真菌很讓人頭痛。光是一串複雜的字母就教人招架不住。過去以為*Rhodotorula*屬（紅酵母屬）可以輕易地在海水、湖水等含有水的環境發現，是再尋常不過的真菌。其中，*R. mucilaginosa*是存在於「食物、飲料」中的類酵母真菌，可從各種食物、飲料中檢驗出來[注1]。在蘋果西打、果汁、櫻桃、乳酪、香腸、章魚或烏賊等軟體動物、蝦子或螃蟹等甲殼類動物中，也可見其蹤影。這麼一說，就會不禁想要唱蝦和蟹的健美操[注2]（或者舞動身體），可是這麼一來要是日本音樂者作權協會（JASRAC）來請蟹、呃不請款的話，筆者就會吃不了兜著走，所以還是就此打住。

即便會在飲食中繁殖，也不見得一定會在人類身上引發疾病。筆者完全沒有聽說因含有*R. mucilaginosa*的飲料、食物（包含伺機性感染），而危害人類健康的案例。一般來說不是被胃酸殺死，就是直接變成糞便排出體外。因此請大家不要像及川[注3]一樣，對果汁噴酒精消毒啊。這麼做絕對有害健康。同樣地，即使吃下發黴的麵包，在多數的情況下，也不會危害健康。不過，還是不建議大家故意嘗試。

順帶一提，即使剝下發黴的部分，還是有肉眼看不見的菌絲延伸到麵包內部，所以不可能完全去除黴菌。

另外山〇麵包透過管控，讓黴菌無法進入製程當中，因此基於這單純的理由，千萬別輕易相信他們在麵包裡摻雜毒物的網路情報。「只要封鎖感染途徑，就不會引發感染」，這是自路易·巴斯德以來的真理。

隨著中央靜脈導管的普及 搖身一變成為使人致病的真菌

首先，紅酵母屬在培養基上的顏色是帶有粉色的紅色，這是其中一項特徵。另一特徵為，屬於不會產生假菌絲（像是念珠菌一樣）的類酵母真菌。

紅酵母屬在過去被視為不會引發疾病的穩定微生物。不過，在微生物業界，始於樂觀的見解到最後都會以悲觀收場。「後來」才發現，*R. mucilaginosa*也會引起人類的疾病。

一直到1985年為止，此菌都沒有在任何一篇醫學領域的論文中登場（然而，到了1960年開始，漸漸地開始有人提出報告）。隨著ICU的設置、中央靜脈導管的普及，此菌感染疾病的相關報告愈來愈多。特別是在使用中央靜脈導管的血液惡性疾病（例如白血病等）患者身上，也發現因此菌而引發的菌血症。還可能會導致眼內炎、腦膜炎、腹膜炎、心內膜炎等各種感染疾病。在紅酵母屬當中，*R. mucilaginosa*的病例最多，最近也出現了愛滋患者、慢性腎功能衰竭、肝硬化患者感染的案例。

在治療上意外地簡單，只要使用Amphotericin B、Fluconazole等「普通的藥」即可治療。總而言之，最重要的是，盡可能不要使用中央靜脈導管。

注1　Wirth F et al：Interdiscip Perspect Infect Dis：e465717, 2012
注2　由日本二人組「KEROPONS」所演唱，是以幼兒為對象、超受歡迎的體操歌。
注3　指漫畫《農大菌物語》中登場的殺菌狂熱分子·及川葉月這個角色。

腐生葡萄球菌
Staphylococcus saprophyticus

我們才不想被那個人這麼說！

抱歉

S. saprophyticus

這些傢伙還真是
露骨又狂熱啊！

結城螢（男）

　　腐生葡萄球菌，這個名稱看起來很奇怪的細菌，其學名是*Staphylococcus saprophyticus*。*Staphylococcus*就是大家所知的「葡萄球菌」。「staphylo-」是取自希臘文的「葡萄串」的意思，「coccus」指的是「球菌」，而「sapro-」則是來自希臘文「腐敗」的意思，於是，就變成這麼奇怪的名稱了。由於這種細菌和年輕女性關係密切，會令人聯想到「腐女」。話說，筆者現在還是無法了解

什麼是「腐女」。

唯一會引起尿道感染的葡萄球菌

　　基本上葡萄球菌並不會引起尿道感染，這是感染症上的原則。當然在醫療現場沒有所謂的「絕對」，對於這種罕見的現象，除了身為感染症宅的感染症專家以外，其他人眼睛飄過就好了，原則上從尿液培養出葡萄球菌時，可以無

視其存在。特別是將凝固酶陰性葡萄球菌，解釋為移生（colonization）菌或者汙染（contamination）菌，可說是在醫學界的「常識」。

但是，儘管同為凝固酶陰性葡萄球菌，也有例外，唯一會積極引發尿道感染的葡萄球菌就是這裡介紹的菌種[注1]。*S. saprophyticus*屬於腸道內的正常菌叢，如果從肛門通過會陰部進入尿道，就會引發尿道感染。特徵是對於Novobiocin有抗藥性，並會產生尿素酶。尿素酶會反覆造成菌尿症，最終甚至會導致尿道結石[注2]。

性行為頻率高的年輕女性特別容易因此罹患膀胱炎，其引發機率僅次於膀胱炎的最大致病菌——大腸菌……雖然文獻上這麼記載，事實上，筆者還沒有遇過年輕女性因此菌而導致膀胱炎的案例。即使有報告顯示，國外的女性尿液檢體中，大約2～4成為腐生葡萄球菌，但有可能這樣的現象在日本較為少見，不然就是日本的女性都是選擇性地到泌尿科門診或婦科門診就診。根據監控數據，本菌占女性急性單純性膀胱炎致病菌的5%[注3]。在最近的研究中，從中段尿檢出的革蘭氏陽性菌以腸球菌、B群鏈球菌為大宗，然而，這之中暗藏玄機。透過插入導管後採集的尿液，觀察真正存在於膀胱內的細菌時，反而很難檢測出上述這些細菌。在中段尿可檢出，在膀胱內卻沒有……。也就是說，這些細菌並不是真正導致尿道感染的原因，反而

屬於汙染菌（等等）的可能性較高。另一方面，*S. saprophyticus*在中段尿和導管採集尿液方面，卻沒有這般檢出上的差異。雖然是相對少數的菌種，不過在臨床上還是很常見[注4]。

*S. saprophyticus*也會造成男性的尿道感染，實際上筆者也曾經有從男性患者身上檢出的經驗。不過，這應該非常罕見。看到這樣的案例，如果不是導管留置患者的話，建議可以朝膀胱、尿管是否有解剖學構造上的異常去想。

不可思議的是，本菌在夏末到秋季，被檢出的狀況較多，特別是在性交後的女性，很容易引起膀胱炎。這種細菌就好比暑假那酸酸甜甜的回憶（才怪）。順帶一提，在牛、豬的直腸中也有檢測出本菌，因此似乎從事畜牧業、肉類供應商也容易罹患本菌的感染症。

Ampicillin是治療上的首選。

注1 Raz R et al : Clin Infect Dis 40 : 896-898, 2005
注2 Fowler JE Jr : Ann Intern Med. Spring 102 : 342-343, 1985
注3 Hayami H et al : J Infect Chemother 19 : 393-403, 2013
注4 Hooton TM et al : N Engl J Med 369 : 1883-1891, 2013

過去徹底遭到迫害、隔離的對象

Colony. 6-5

麻風桿菌
Mycobacterium leprae

M. leprae

　　麻風桿菌（*Mycobacterium leprae*）和結核菌同屬於抗酸桿菌[注1]，是漢生病（以前稱之為「癩病」、「麻瘋病」）的致病菌。

　　結核病（正確來說是肺結核）為藉由空氣傳染的疾病，為了防止患者的增加，有採取隔離的必要。但是，在醫學史上，針對肺結核開始採取隔離政策，是比較最近的做法。大家從以前就知道，肺結核為高感染性的疾患，但為

何在過去不被列入隔離的對象呢？……其原因出在患者的外表。肺結核患者的外表並不糟。相反地，好處還不少。山羅德·波提且利作品〈維納斯的誕生〉（就是那幅站在貝殼上的裸體美女畫像）的模特兒就是肺結核患者。一旦罹患肺結核，就會由於體力消耗而體重降低，貧血讓皮膚透亮白皙，臉頰因發熱而帶點紅潤，眼睛周圍的脂肪會減少，使得眼睛看起來很大，其瞳孔（因疲

勞）帶著幾分憂愁和濕潤。實在是一位美女。

以醫學的角度來看，實在很想吐槽宮崎駿的《風起》這部電影，不是說抽菸的場景太多，而是患有肺結核的女主角與男主角接吻的那一幕。二戰前的日本人平均壽命低於50歲，因抽菸對健康所造成的危害比現在相對低很多。雖然我看這部電影時，並不打算站在醫師的立場來說「以感染管理的觀點，不可以接吻」，不過無論是《風起》的小說還是湯瑪斯·曼的《魔山》小說，都可以看出肺結核病患帶有「毀滅性美學」[注2]。

儘管感染力非常弱
在歷史上仍遭受迫害、隔離

相較之下，徹底遭到迫害、隔離的是本節所介紹的感染 *M. leprae* 的患者。*M. leprae* 生命力弱，無法於人體外生存，在人體內也僅有1%能存活。即使到了現代也無法人工培養成功。如此虛弱的細菌，其感染力也非常薄弱，雖然現在仍無法得知其確切的傳染途徑，但即使是皮膚與皮膚的接觸，也幾乎不會感染。漢生病有輕症的TT型（結合樣型漢生病）、重症的LL型（瘤型漢生病），無論是哪一種都會引發皮膚與神經上的感染，特別是LL型會因皮膚浸潤而使得臉部產生變形（獅子臉）。與感染力無關，漢生病患者會遭到隔離的理由之一，不是科學的判斷，而是愚昧的人們以美醜做為判斷的標準，以及假公共衛

生之名，以這種毫無說服力的藉口（日本以「癩病預防法」為名目，施行如此惡法），大剌剌的遂行迫害，堪稱是醜陋的人性。

「若是奉行科學、技術萬能主義，就會變成沒有人性的糟糕醫療」……這真是陳腔濫調。但或許還真的是如此。不過，完全無視科學、技術的人類中心主義，才真是人性的極端，也是最糟糕的「醫療」。歷史就證明了這一點。

現在全球估計仍有數十萬至數百萬的漢生病患，就連在日本每年也會增加數名案例。這些患者不但不需要隔離，更不應出現投宿被拒、搭車被拒的情形。感染病患和歧視，從以前到現在都是一項無法解決的問題。要解決這兩難的最大武器，就是理解科學的真義，以及不過度信賴人類的感性（對於美醜的觀感）。

注1　Gelber RH：Leprosy. In Harrison's Principles of internal Medicine, 19th ed., 2015
注2　福田眞人：結核という文化─病の比較文化史：中公新書，2001

屬於SPACE的一員（其二）

佛氏檸檬酸桿菌
Citrobacter freundii

根本就
可以媲美
專門雜誌的專欄

對呀——

這一節
難得出現了很多
專業術語

　　之前我們曾經介紹過會造成新生兒腦膜炎的*Citrobacter koseri*，那是一種非主流的細菌（第56頁）。而這次的主角則是稍微主流一點的*C. freundii*。談到檸檬酸桿菌屬，一般來說都是指本菌。其發現於1932年，算是非常地早。即便如此，在臨床現場上為相對少數，即便會引發感染疾病，在過去也沒有特別受到矚目。在歷史上，肺炎鏈球菌、大腸桿菌、腦膜炎雙球菌、奈瑟氏淋病雙球菌、金黃色葡萄球菌等「強毒菌」的存在感反而更高。

　　檸檬酸桿菌屬這類的細菌，之所以會受到矚目，是由於全球患者對於感染疾病抵抗力下降的緣故。例如超高齡化、原本難以存活的早產兒、ICU的重症病患等等，在過去肯定早已死亡的患者，因醫療的進步而得以生存，使得「對感染症抵抗力低」的患者總數增加。化學療法以及免疫抑制劑，這些所

謂生物製劑的使用，讓接受免疫抑制治療的人數提升，另外各種導管等裝置也為感染症增添了可入侵的漏洞。並且也會對愛滋病等新型免疫抑制性疾病造成影響。

暴露於 β-內醯胺類抗生素下，被霸凌的對象就會反彈!?

有一群稱為「ＳＰＡＣＥ」的細菌。即沙雷菌屬（*Serratia*）、假單胞菌屬（*Pseudomonas*）、不動桿菌屬（*Acinetobacter*）、檸檬酸桿菌屬（*Citrobacter*）、腸桿菌屬（*Enterobacter*）。這縮寫是為了方便記憶容易引起醫療照護感染的革蘭氏陰性桿菌[注1]。許多SPACE細菌都具有抗藥性，這也是其特徵之一。檸檬酸桿菌屬會過度表現AmpC，AmpC是種 β-內醯胺酶。其具有分解Ampicillin、第一至三代的頭孢菌素之特性。另外，若具有分解Cephamycins（如Cefmetazole）的特徵，在臨床上則以ESBL（extended spectrum β-lactamase）來區分。

在1940年發現了可以分解青黴素的酵素，也就是後來的AmpC型 β-內醯胺酶，這可是歷史上的冷知識。到了1960年代，發現了稱為ampA與ampB的染色體，並將ampA中抗性程度相對「低」的命名為ampC。自從那之後，ampA與ampB就這樣消失在歷史的洪流中。

C. freundii 通常只會製造少量的AmpC。不過一旦暴露在 β-內醯胺類抗生素之下，就會受到誘導，（有可能）會製造出大量的AmpC。這種感覺就好像受到霸凌的孩子，在被霸凌的過程中反嗆對方。

根據抗菌藥物的不同，誘導生成AmpC的方式也會有所差異。例如，青黴素、Ampicillin、Cefazolin等可以有效誘導生成AmpC。Cephamycins、Carbapenem也可以輕易誘導成功。而Cefotaxime、Ceftriaxone、Ceftazidime、Cefepime、Aztreonam則不太會誘導[注2]。另外，Cefepime對於過度表現的AmpC表現菌，在臨床上的效果也值得期待。

假設對一位腎盂腎炎的患者，投與Ceftriaxone治療。經檢驗後得知致病菌為*C. freundii*，而現階段對Ceftriaxone具有感受性。患者在臨床上也逐漸好轉。今後該使用何種抗菌藥物呢？

這可是出乎意料的難題，即使是專業人士經過深思熟慮，仍然會感到頭痛的問題。如果有興趣的話，可以試著挑戰看看。解答預計公布於新版的《有關抗菌藥物的想法、用法》（暫譯）……預計三年後出版……大概。

注1 矢野晴美：絶対わかる抗菌薬はじめの一歩：羊土社，2010
注2 岩田健太郎、宮入 烈：抗菌薬の考え方、使い方Ver.3：中外医学社，2012

會造成懷孕中的母子感染

茲卡病毒
Zika virus

Colony. **6-7**

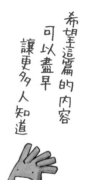

希望這篇的內容
可以盡早
讓更多人知道

沒問題。
立刻上書
要求以
單行本出版

本篇
才只有67頁，
實在是很薄

咚

　　在壽司店裡最恐怖的，就是寫「時價」的壽司。而在病毒界很恐怖的，則是茲卡病毒（Zika virus）注。

　　最近突然備受矚目的茲卡病毒，其發現時間點為1947年，比想像中早了許多。與登革熱病毒、基孔肯雅熱病毒（或者黃熱病病毒）同屬於黃病毒科，皆以蚊子作為傳染媒介。

　　茲卡病毒出沒於非洲各國、南亞、東南亞等遍布範圍相當廣泛。儘管到了1954年，發現茲卡病毒會引發人類的疾病，不過和登革熱、基孔肯雅熱相比，症狀相對輕微，因此不太受到重視，只有在一些對感染疾病抱持高度興趣的感染症宅之間才會知道其存在。

　　然而，到了2007年在密克羅尼西亞聯邦的雅蒲島，爆發了茲卡病毒感染症。在這個人口僅有約7000人的地區，

竟然有5000人左右遭到感染，令人吃驚。後來連太平洋上的法屬玻里尼西亞，也在2013～2014年流行茲卡病毒。到了2015年，中美洲、南美洲的國家，也出現了茲卡病毒感染症。特別在巴西，據說曾高達130萬人遭到感染。同年9月，發現巴西患有小頭症的新生兒案例增加。至2016年2月為止，累積通報的小頭症案例大約有4300例，為歷年來的10倍以上。法屬玻里尼西亞也展開了回顧性的檢討。發現茲卡病毒感染症流行後，小頭症等新生畸形兒人數果然變多了。看來，茲卡病毒就是造成小頭症的元凶。

因全球化而使傳染範圍擴大？以蚊蟲為媒介的感染症

茲卡病毒感染症是以埃及斑蚊等黑斑蚊為媒介的感染症。日本的白線斑蚊也可能成為載體（傳染媒介）。

茲卡病毒會感染懷孕中的母子，因而造成胎兒畸形。茲卡病毒也會藉由性行為傳染。目前得知有男性傳給女性、男性傳給男性的感染病例。從發病前病毒就具有傳染力，即使發病後過了60天以上，精液中仍有病毒的RNA。關於感染後，最長要經過幾天才會透過性行為傳染，目前仍然不明。

對於茲卡病毒的潛伏期也還未完全掌握，大多為一週以內。儘管會引發結膜炎、輕微的皮疹、關節痛或關節炎、發燒、肌肉疼痛、頭痛、浮腫、嘔吐、後眼窩疼痛（雖然有名，但真正有此症狀的患者只有四成）等等，不過基本上都屬於輕微症狀，需要住院的重症案例相當罕見。另外，還有會聽到金屬的聲音、精液中混雜著血液等奇怪的症狀。在極少數的情況下，還會引起吉巴氏綜合症、腦膜炎、脊髓炎等神經系統併發症。

目前還沒有能治療茲卡病毒感染症的藥物。也沒有疫苗。

茲卡病毒在世界各地的分布，尚無法正確掌握。例如，過去柬埔寨曾經有感染病例，但對於柬埔寨現在是否還有茲卡病毒感染症這點，仍然不明。畢竟這病狀就像輕微的「感冒」一樣。茲卡病毒的分布或許會藉由全球化，傳播擴散得更遠也說不定。

日本也很擔憂是否會爆發流行。如果返日發燒的話，必須接受PCR檢驗。無論男女，都有必要做與生育相關的檢查或諮商。請務必接受專家諮詢。

注　Petersen LR et al：N Engl J Med 374：1552-1563, 2016

嗜血分枝桿菌
Mycobacterium haemophilum

對我們來說
不要管我們
還覺得比較方便

在感染症的世界，
也有很多
搭別人的便車，
厚臉皮的傢伙呢

Mycobacterium haemophilum（嗜血分枝桿菌）就如同其學名，屬於耐酸菌，為非結核性分枝桿菌（non-tuberculous mycobacteria）的一種。

其在臨床上的影響原本並不大，隨著愛滋病、移植患者等接受免疫抑制治療的人增加，本菌感染症的案例也自然攀升了。

今後，同為此型態、在臨床上必須研究的微生物也日漸增多。要將其視為痛苦的根源，還是能獲得新知的快感，將決定一個人是否適合成為感染症專家。感染症專家們基本上都有被虐傾向。再多蹂躪一點～。

*M. haemophilum*存在於土壤等一般環境之中。其分布於世界各地[注1]，在日本也可見其蹤跡[注2]。我們最近也找到這種細菌。

只能以低溫培養，難以鑑定的細菌

本菌由以色列的Sompolinsky博士於1978年發現[注3]。分離自霍奇金病患者身上的慢性潰瘍。其原版的案例報告以希伯來文書寫，筆者完全看不懂。後來，到了1980年，由道森（Dawson）及杰尼斯（Jennis）等人於1976年接受腎臟移植患者的皮膚病變中，發現的耐酸菌就是本菌[注1]。在過去培養困難，又無法鑑定。本菌與會引發皮膚感染的*M. marinum*（海洋分枝桿菌）、*M. ulcerans*（潰瘍分枝桿菌）相同，必須在低溫（30～32℃）條件下進行培養[注1]。相較於結核桿菌的培養溫度約為37℃，算是偏低的溫度。

您是否認為「原來只要是皮膚方面的感染細菌，其培養溫度都很低」。那麼我們在第150頁介紹過的麻風桿菌（*M. leprae*）其在實驗室的培養溫度是幾度呢？這可是個陷阱題。正確答案為，*M. leprae*是無法以培養基進行培養的稀有細菌。以前曾聽說只能在犰狳身上培養增殖，近年來似乎在裸鼠的腳底也可成功增殖（不過溫度仍偏低，約為31℃）。

*M. haemophilum*的特徵為，在免疫抑制患者的皮膚、骨骼、肺部等各個部位引發慢性感染。當遇到屬於慢性感染症，又有皮膚潰瘍的症狀時，基本上都會懷疑梅毒螺旋體、真菌、利甚曼原蟲等原蟲以及耐酸菌。在某些極罕見的情況下，還會導致無免疫抑制的兒童頸部淋巴結發炎。

搭配複數種抗菌藥物長期服用預防產生抗藥性

在治療上，僅僅只是翻轉免疫抑制狀態的話（例如愛滋治療），就有可能因此痊癒。Rifampicin等經典的抗結核藥物，以及Minocycline、Erythromycin、Ciprofloxacin、Clarithromycin等非結核性分枝桿菌相關的治療藥物，具有效果。似乎也可以使用Clofazimine這種驚奇的藥物。而Isoniazid、Ethambutol、Pyrazinamide等抗結核藥物也多會產生抗藥性。有關抗酸菌的治療，基本上都像這樣，搭配複數的抗菌藥長期服用，以預防細菌產生抗藥性。在極少數的案例中，需要接受外科手術的切除。

注1　Saubolle MA et al : Clin Microbiol Rev 9 : 435-447, 1996
注2　Takeo N et al : J Dermatol 39 : 968-969, 2012
注3　Elsayed S et al : BMC Infect Dis 6 : 70, 2006

複數菌種的總稱。
會長出菌絲的類型

Colony. 6-9

放線菌
Actinomycetes

　　放線菌（actinomycetes）為 *Actinomyces israelii*（以色列放線菌）、*A. odontolyticus*（齲齒放線菌）、*A. viscosus*（黏性放線菌）、*A. meyeri*（麥氏放線菌）、*A. gerencseriae*（戈氏放線菌）等複數種菌的總稱。最開始被視為真菌。名稱中「什麼myces」就是指真菌的意思。後來才發現其實是革蘭氏陽性細菌，但為

時已晚，現在仍維持*Actinomyces*這個名稱。「actino」在希臘文當中為光線、放線的意思。由於會像真菌一樣長出菌絲，所以名為「放線菌」。

愈來愈多的菌種
以及用料豐富的感染症？

　　經過16S rRNA的基因序列解析後，

將細菌進行嚴密的分類，根據《哈里遜內科學手冊 第19版》記載，目前已經確認了47個菌種與2個亞種[注1]。筆者推測接下來菌種只會愈來愈多吧（因此，我現在已經放棄背這些菌名了）。放線菌屬於兼性厭氧菌，有空氣也不會死亡，在無空氣的狀態下，也能順利生長。*A. meyeri*則是個例外，屬於專性厭氧菌，要是在有空氣的環境下，就會死亡。

放線菌是放線菌病（actinomycosis）的致病菌[注2]。放線菌病在細菌感染中，其症狀較為罕見，細菌發育速度緩慢，會漸漸在體內形成大規模的發炎。放線菌為口腔、消化道、生殖泌尿器官內的正常菌叢，即使是放線菌病發病的情況下，大多都能從單一病變中，分離出複數的放線菌。不僅如此，在放線菌病中，還可分離出*Aggregatibacter actinomycetemcomitans*（伴放線桿菌，第46頁）、*Eikenella corrodens*（囓蝕艾肯氏菌，還沒登場呢）等其他細菌。放線菌病就好像廣島燒一樣，是用料豐富的感染疾病。只不過，放線菌以外的檢出菌，是否也對發病機制有所貢獻，關於這點仍然尚未水落石出。

惡性腫瘤……？
有些其實是放線菌病

放線菌病的膿腫很硬，根本就是硬塊。其組織中心已經壞死，剩下嗜中性球與硫磺顆粒（sulfur granule）。德文叫做Druse。只要找到這項證據，就能確定是放線菌病。在身體任何地方都有可能發生，如果口腔衛生狀態不佳時，便會在口腔內、下巴引發腫瘤性的發炎症狀。若是出現在肺部，則可觀察到腫瘤、空洞性病變。甚至可能在肝臟等腹部或子宮內生成腫瘤。總之，在身體各處都可能會出現。要是有接受免疫抑制治療的話，就更容易發病。

和一般的細菌感染不同，會慢慢地變大，形成塊狀的發炎症狀，常常被誤以為是惡性疾病。在癌症中心動了手術，卻清不乾淨，或者化療完全沒效……有許多案例其實是罹患了放線菌病。儘管最近正子電腦斷層掃描（PET-CT）的使用增加了，但卻無法辨別一般的感染疾病與非感染疾病。放線菌病也是如此，氟化去氧葡萄糖正子造影（FDG-PET）的讀取，反而會讓病情更加棘手。透過檢驗組織切片，如果連病理醫師都懷疑是罹患放線菌病的話，只要用顯微鏡看就可以做出正確的診斷。因為只要長期服用青黴素就能痊癒，所以這項診斷可說是非常值得。

注1　Russo TA：Actinomycosis and Whipple's Disease. In. Harrison's Principles of Internal Medicine. 19th ed., 2015
注2　Wong VK et al：BMJ 343：d6099, 2011

屬於進展遲緩的「緩慢型」
症狀多樣

惠氏托菲利馬菌
Tropheryma whipplei

T. whipplei

真的只要一次

想拜託岩田

幫我檢查一下

身體裡的菌

那個菌
在說什麼

不對！
那是作者
利用他說出
自己的心聲啊！

*Tropheryma whipplei*為桿菌，但由於以革蘭氏染色染不過去（屬於革蘭氏陰性），有時候只能些微染上，很難透過革蘭氏染色法進行分類[注1]。和前一節（第158頁）的放線菌相同，都屬於放線菌科（Actinomycetaceae）。

*T. whipplei*顧名思義，就是惠氏病（Whipple's disease）的致病菌。根據維基百科，喬治·H·惠普爾博士為美國的醫師，也是病理學者，以研究惡性貧血治療法而獲頒諾貝爾獎。他發現讓貧血的動物吃肝臟，就能治好貧血。不過現在，他身為惠氏病的發現者的身分，反而更為知名。

惠普爾是在1907年發現本菌[注2]，然而命名的時間點卻是1991年，可說是異常地晚。在那之前，這個菌都沒有名字。經過基因組測序後，才被命名為

Tropheryma whippelii。到了2001年由於接到「拼字錯誤」的抗議後，才改成*Tropheryma whipplei*。畢竟發現的人可是惠普爾（Whipple）博士呢。順帶一提，「Tropheryma」在希臘文中，「troph」為「營養、食物」之意，而「eryma」則是有「防禦」的意義。這種細菌的基因並不完全，原則上如果離開宿主細胞內就會無法生存（如果在營養充足的細胞外，可能可以倖存）。

不同於其他細菌感染疾病，多樣化的「緩慢型態」

儘管惠氏病非常罕見，實際上錯過的案例可能也不少。因為其症狀實在是太過多元了。而且一點也不像細菌感染，屬於「進展緩慢型」的疾病，使醫師很難去懷疑細菌感染的可能性。

典型的惠氏病會先引發十二指腸、空腸的感染。漸漸地出現下痢、發燒、腹痛、吸收不良伴隨體重減輕等症狀。就連各處的關節也會遭到感染，形成慢性關節炎，讓人誤以為是風濕性疾病。在腸繫膜、腹膜後腔，也可觀察到淋巴結腫大的情形。甚至在神經、肺部、皮膚、眼睛（葡萄膜炎）上都會產生淋巴結腫大。在神經方面，常會引發緩慢進展的失智症、人格障礙、睡眠障礙等模糊的症狀，讓人難以聯想到這其實是細菌感染疾病。在培養階段不顯著，卻會導致感染性心內膜炎這點也相當有名。除此之外，還可能會在甲狀腺、腎臟、睪丸、副睪、膽囊、骨骼等，幾乎可說能夠感染所有的器官、組織。對於「只看局部器官」的日本醫師來說，診斷上恐怕特別困難吧。

要診斷就要先懷疑。例如，長期出現消化道症狀、關節相關症狀、不明原因發燒、培養卻長不出細菌的心內膜炎、來由不明的中樞神經症狀等，要是在「身體各處」都有狀況，雖然看起來很像慢性健康不良的患者，因吸收不良導致貧血、電解質異常、白蛋白低下，卻又覺得事情並不單純的時候，就要懷疑患者是否罹患的是惠氏病。想要確診的話，可以藉由十二指腸病理活檢後，透過聚合酶連鎖反應培養檢測、尋找是否能找到PAS染色呈陽性的包含體，來進行診斷。診斷上愈是困難，成功診斷出來所獲得的喜悅就愈龐大。

在治療的方面，通常是以點滴注射Ceftriaxone或Meropenem後，再搭配複方新諾明或Tetracycline長期服用。

注1　Russo TA：Actinomycosis and Whipple's Disease. In. Harrison's Principles of Internal Medicine. 19th ed., 2015
注2　Whipple GH：Johns Hopkins Hosp Bull 18：382-391, 1907

釀造用麴種。
日文名稱叫做「日本麴黴」

菌圖鑑

Colony. 6-11

米麴菌
Aspergillus oryzae

世界上存在著許多的微生物。其中，會使人類致病的微生物屬於少數，但在介紹 *Mycobacterium haemophilum*（嗜血分枝桿菌，第156頁）時曾說明過，由於高度醫療化的緣故，使得免疫抑制的智人（*Homo sapiens*）大幅增多，也讓愈來愈多的微生物在人類身上引起疾病。雖然導致感染症專家必須研究的項目快速增加的這種悲慘的狀況，相反地，未來也不用擔心沒飯吃。理論

上，原本本書也以能成為醫學界中，永垂不朽的漫畫《骷髏13》或日本長壽節目「笑點」為目標，不過由於各種原因無法達成。於是只好加快腳步。

對釀造日本酒的「種麴菌」
過敏可能引發呼吸系統疾病

這次的主角是 *Aspergillus oryzae*（米麴菌）[注1]。麴黴屬（*Aspergillus*）以身為具有致病性的絲狀真菌知名，其中

A. fumigatus group（第65頁）最為常見。和其型態相似的「隱藏種」則是第142頁的A. lentulus。由於正在趕進度，因此不知為何就變得有點像總整理。無論我怎麼改都還是如此。

A. oryzae隸屬於A. flavus group。A. flavus中已經為人類馴養（domesticated）的就是A. oryzae。A. flavus的毒性非常強，會產生黃麴毒素。還會引發急性中毒、肝細胞癌，極其邪惡。A. oryzae與A. flavus的基因組信息相似度雖然高達99％，其產生毒素的基因片段完全遭到取代，因此並不會生成黃麴毒素。啊啊，真是太好了。

不具有毒性的A. oryzae以「種麴菌」為名。其日式名稱叫做「日本麴黴」。高峰讓吉博士從本菌抽出「高峰澱粉酶」的故事也非常有名。胃不好的夏目漱石，似乎也曾經服用過高峰澱粉酶，甚至在其著作《我是貓》中介紹過此藥物。

A. oryzae為在釀造日本酒時不可或缺的重要一員。其負責產生糖化酶，將澱粉轉成糖。糖則由類酵母真菌的Saccharomyces cerevisiae（啤酒酵母），轉換成酒精與二氧化碳。協助S. cerevisiae增殖的物質，稱為酒母或酛。釀造日本酒時，有一句口訣叫做「一麴、二酛、三釀造」，一語道出A. oryzae、S. cerevisiae對於日本酒的製造有多麼重要。另外，A. oryzae還能產生可以將蛋白質分解成氨基酸的酵素，因此也用於味噌、醬油的製造上。這些事情，對各位《農大菌物語》的粉絲來說，應該早就知道了吧。

A. oryzae不會生成毒素，又已經遭到馴養，引發疾病的機率也非常的低。然而，上述的狀況並不是不可能。例如，在日本就曾經發生因A. oryzae引發過敏性支氣管肺麴菌病的案例[注2]。不過這是因為對A. oryzae產生過敏反應，所以如果不小心到釀酒廠、味噌工廠的話，就可能會引發這樣的疾病，和菌本身的致病性無關。不過，也有出現其他壞死性鞏膜炎、腦膜炎、腹膜透析相關性腹膜炎等感染症狀[注3]。今後的感染症專家也得要懂得釀酒了……當然沒這回事。

注1　北本勝ひこ：和食とうま味のミステリー：河出書房新社，2016
注2　Akiyama K et al：Chest 91：285-286, 1987
注3　Schwetz I et al：Am J Kidney Dis 49：701-704, 2007

智人
Homo sapiens

没耶

《農大菌物語》裡
難道就沒有
能用的台詞嗎？

都到了最後
居然被火之鳥
占盡好處

　　世界上存在很多生物。其中大大左右人類健康的就是智人。智人從人類誕生的那一刻起，就深深影響著人類的健康。

　　據說在三國時代（在中國）約有410萬人是被人類殺死。而蒙古人征服歐亞大陸時，死了約4千萬人，後來帖木兒又為了復興蒙古帝國，四處征討，在戰場上大肆虐殺，使得大約1700萬人喪失性命。

　　石川雅之老師的漫畫《純潔的瑪利亞》，在其時空背景的英法百年戰爭時，則有將近350萬人死亡。發現新大陸後，奴隸貿易盛行，由於輸送環境惡劣，導致約1600萬人身亡。

　　在歐洲人心目中留下創傷的第一次世界大戰中，死了約1500萬人，在第二次世界大戰，則是約6500萬人喪命。

　　二戰期間，德國納粹黨對猶太人展開大屠殺，則有約600萬人遭到殺害。其後，毛澤東在文化大革命時，造成約4000萬人死亡；史達林屠殺至少超過2000萬人左右；越戰中則有約420萬人喪命；在柬埔寨的紅色高棉種族滅絕，最少約有200萬人因此身亡＊。即使到了1990年代，在盧旺達也有幾十萬人遭到虐殺。後來又有恐怖份子殺人、戰爭的引爆。

智人
果然是稀有動物？

美國屢次發生開槍掃射事件，每年超過3萬人被槍殺身亡。而在日本，每年發生2萬件以上的自殺事件，其中大多數的人，都是因人類社會所導致的自殺。以霸凌行為造成他人死亡，這是智人特有的病原性，在其他生物身上看不到這樣的掠殺方式。本來，從病毒到鯨魚般巨大的哺乳類動物，所有的生物都會為了存活而殺害其他生物，然而殺生只是一種「手段」而非「目的」。智人是一種能以殺戮為目的的稀有生物。

在第二次世界大戰當時，有許多德國的醫學家都協助納粹政權，以科學實驗之名，行虐待、虐殺之實。日本的731部隊也曾經進行同樣的人體實驗。醫療、醫學也在智人的「病原性」上，占有一席之地。

美國的醫學研究所（Institute of Medicine）於1999年發表了「凡人皆有過（To Err Is Human）」。這項驚人的報告，揭露了美國一年死於醫療過失的人口竟然高達10萬人。從此之後，美國就開始拿出「真本事」，盡全力將醫療事故（包含院內感染）減到最低。結果，在美國中心靜脈導管相關血流感染（CLABSI）減少了50%；術後傷口感染降低了17%；*Clostridium difficile*感染減少了8%；MRSA菌血症也降低了13%。在2015年造訪以前曾經任職過的貝斯以色列醫學中心時，感染疾病的研究員對「完全無尿道感染」這點感到非常驚訝。

智人屬於高度劇毒性的生物，具有參考過去紀錄、學習改進的稀有能力。即便如此，但仍會反覆犯下同類型的錯誤，也是此物種特有的奇妙特徵。

創造力也是智人擁有的特異功能。本書中的漫畫，便是應用該項能力的象徵。最後，筆者想引用手塚治虫的傑作《火之鳥》中，火鳥的台詞（未來篇）來為本書劃下句點。

> 人類也是一樣。不斷的使文明進步，結果卻還是自取滅亡。
> 「可是，下次會更好。」火鳥這麼想著，「我相信下一次會更好。」
> 「我覺得，下一次的人類一定會有所不同……」
> 「他們終會懂得正確的使用生命……」

＊Matthew White：Humanity's 100 deadliest achievements
http://www.bookofhorriblethings.com/ax02.html

對談

農大菌物語與傳染病專家的
七嘴八舌

Masayuki Ishikawa

日本大阪府堺市人。代表作為《語部》《週刊石川雅之》《人斬龍馬》（以上為暫譯）《農大菌物語》《純潔的瑪利亞》等。2008年，因《農大菌物語》獲頒第12屆手塚治虫文化獎漫畫大獎、第32屆講談社漫畫獎一般部門、平成20年度醬油文化獎等獎項。最新作品《不惑之星》（暫譯）正於漫畫雜誌《MORNING》連載中！

Kentaro Iwata

出生於日本島根縣。1997年畢業於島根醫科大學。2004～09年任職於龜田綜合病院（千葉縣）。2008年以後，任職於神戶大學研究所醫學系研究科暨醫學部微生物感染症學講座感染治療學領域教授、神戶大學都市安全研究中心感染症風險溝通領域教授。美國內科專門醫師等。

攝影　涌井直志

石川雅之
漫畫家

✕

岩田健太郎
神戶大學醫學部附屬醫院 感染症內科

在以醫療人員為對象的《Medical朝日》月刊上，負責撰寫高人氣連載專欄的岩田健太郎，於2011年1月和「細菌也瘋狂的漫畫」《農大菌物語》的作者石川雅之一同攜手打造「農大菌物語和感染科醫師令人在意的菌辭典」的企劃。在如此值得紀念的第一次連載，因「菌」而相識的兩人，進行了一場熱烈的討論。

※本對談刊載於《Medical朝日》月刊2011年1月號

岩田 在我第一次看《農大菌物語》[*1]時，最先想到的是「要是我也看得到這些致病菌，工作起來就會輕鬆許多」。還有，「要是能夠100％診斷出所有疾病，就可以成為名醫」。請問這個漫畫的靈感是來自於哪裡呢？

石川 我從小就住在大阪府立大學的農學部附近，因此常常在大學校園內玩。而我現在的責任編輯，也住在東京農業大學的附近。原先最初的構想，只是想畫「大學發生的故事」，在我們談話的過程中，發現彼此的家附近都剛好有農業大學，所以才會想出以「農業大學」為主題的校園漫畫。

岩田 你對於農業大學有什麼樣的印象呢？

石川 因為東京農業大學有釀酒的釀造學科（應用生物科學部釀造科學科），所以想說以酒作為故事的主要內容。一開始完全沒有任何細菌登場。然而，開始連載的日期都已經敲定了，無論我怎麼畫，都遭到退稿。當時的責任編輯就對我說「要不要試著畫畫看細菌？」於是首次試畫了細菌。這是起頭。

後來我就開始調查，還前往了和歌山的釀造所。那裡的負責人告訴我「釀酒的時候要傾聽菌的聲音」，於是我就想「如果可以聽得到菌的聲音，也可以畫一部看得到菌的漫畫」。於是，就此確立了方向。

 ## 從零微生物知識開始

岩田 我也勉強算是一介感染症專家。這個作品很多內容都非常專業。就我個人而言，只知道會使人致病的菌種，對於其他的細菌幾乎毫無接觸，因此閱讀這個作品令我感到獲益良多。

石川 在畫第一則故事（2004年）的時候，我完全不具備任何跟細菌相關的知識。我到圖書館，翻開書，發現這是個麻煩的世界。那之後，就死命地惡補。

岩田 沒有負責監修的人嗎？

石川　沒有。完全得靠自己。

岩田　你有去問細菌方面的專家嗎？

石川　連載2～3年後，才被東京農大的老師叫去。當時都已經出2本單行本了，我問那位老師：「到現在為止漫畫中關於菌的內容如何？」得到的回覆是「基本上都正確」。從此才算有了學者的認證。

—— 您的作品被譽為世界上第一部「菌漫畫」呢。

石川　我認為宮崎駿的《風之谷》比我更早。因為有黏菌出現。

岩田　水木茂所畫的《猫楠—南方熊楠的生涯》這部以南方熊楠為主的漫畫，也有黏菌的出現。大概也就只有這樣吧。

針對微生物的探問終點是「何為生物」

—— 無論是負責釀造、發酵的菌種，還是病原體，石川老師作品中登場的菌都很可愛呢。

石川　我並沒有打算按照人類的角度，以「好、壞」去區分菌的「可愛與否」。所以即使是伊波拉病毒我也畫得很可愛。常常有些略懂皮毛的人會對我說「病毒明明就不算是生物」。我並不會以「關於病毒是否屬於生物這點，各方說法仍有分歧」來反駁他們。

岩田　嚴格來說，對於「何謂生物」這點，我也不是很清楚。

石川　感覺這會變成哲學討論。

岩田　以我來說，在診療的時候，我會

用「抗菌藥對濾過性病毒沒效」來簡單說明。前幾天，我還去請教了寄生蟲的專家，平常看診不會遇到的生物，我也不曉得。因為感染症的世界真的非常廣闊，人類對於細菌、微生物，很多知識都還處於未知的情況。

—— 請問岩田醫師有沒有喜歡的細菌或者是微生物呢？

岩田　就漫畫的角色而言，我喜歡米麴菌[2]。另外，釀酒酵母[3]有一個地方突起，然後就彈出酒精，這點很可愛。

我個人並不喜歡微生物。感染科醫師基本上是在幫患者看診,而非以觀察微生物為主,這點常常被人誤會。

在我的門診中,有些前來看診的患者,是因為在網路上或電視上看到我,自認為「我大概是細菌感染」或者是說「想請醫師幫我治頭痛」,結果有將近一半的人和感染症一點關係也沒有。許多前來實習的學生都感到很不可思議。

感染科醫師與漫畫家,選擇這個職業的理由

—— 話說回來,岩田醫師為什麼選擇成為感染科醫師呢?

岩田　常常有人問我這個問題,老實說是順其自然的結果。感染症的世界其實非常有趣。感染症到處都有,沒有地方是毫無傳染病的。前陣子我去了一趟加拿大,當然,美洲大陸也有很多感染症,例如愛滋病。無論是肯亞、大阪還是東京,不管是鄉下還是都會區,都有感染症。又或是診所、大學醫院,感染症無所不在。所以感染科醫師,去哪裡都有工作。因此我覺得實用性很高。舉個例子,如果是「腦血管導管手術的權威」儘管在醫療中心裡是頂尖人物,一旦到了沒有那些設備的地方,譬如肯亞的貧民窟,就完全沒辦法工作了。

我曾經在中國的診所,以醫師的身分工作了1年,那些來自美國的醫師每天都在抱怨「美國有某某器具,這裡卻沒有」。我不喜歡那種「要是沒有這項設備,就無法運作」的處境。

所以,骨科醫師也好、普通的地方診所醫師也好,就算不是醫師也無所謂,我想要的是,不管到世界的任何地方,都能夠通用的工作,所以才會選擇當感染科醫師。

石川　我會當上漫畫家,也是順其自然呢。說不定和岩田醫師的想法有點相像,我思考過「什麼職業在成為日本第一後,就等於世界第一」。無論是足球、棒球還是田徑,都贏不了外國。不過,如果是漫畫成為日本第一的話,應該就會自動變成世界第一了吧?因此,才會覺得,漫畫的世界還真不錯。

岩田　嗯嗯,確實如此。

校園生活的今昔對照

岩田　現在,我在大學擔任教職,前幾天和內田樹老師(神戶女學院大學名譽教授)談論《農大菌物語》提到「這本漫畫很有趣呢」時,內田老師說:「這是一部我們失去已久、令人懷念的校園故事呢。」

石川　因為故事的設定年代有點久遠。

岩田　大概就是我們大學時代的感覺。就算不去上課、考試沒過,也總會有辦法的感覺,每天總是遊手好閒。農學部現在也是這種感覺嗎?

石川　好像是耶。實際到農學部走一遭,他們看起來真的每天都很悠閒、快樂。玩傳接球玩到身上的白衣都黑了。

岩田　現在醫學部一點也不悠閒。整個大學的氣氛都很緊張。我從2008年開始擔任大學的教職，在那之前都在普通的醫院工作，大學醫學部的職責真的很廣。非得按照教學大綱不可。

石川　是指課程大綱嗎？

岩田　沒錯。在我大學的時候，大學裡最有趣的老師、最有魅力的課，通常都在閒聊。老師一直講個不停，而學生有一半都沒在聽。現在有教學大綱，所以不能那樣教課。

石川　必須好好上課。

岩田　是的。不過實際上，我還是沒有完全照教學大綱教。

漫畫和感染症的對策只靠理論是不行的

岩田　我接下來想談點醫學，在2010年秋天針對抗藥性細菌所採取的對策，只按照手冊執行的醫院，治療上大多都不順利。除了手冊內容之外，得再增加點作為才行，這個時候需要藉由長年的經驗、知識來進行修正。

　　雖然我不太會舉漫畫的例子，譬如說這一格之後，下一格一定是那一格等，應該在畫法上也有箇中理論。不過，按照那種理論的漫畫，卻不會受歡迎。

石川　這樣全都會變成一樣的漫畫呢。

岩田　多重耐藥性的不動桿菌爆發時，日本的厚生勞動省和日本醫療機能評價機構都會先為「手冊有沒有準備好」提出質問。要是有手冊就沒問題，沒有就不行。手冊頂多也只是ABC的A，那種內容即使是醫學系的學生都知道，而我們在第一線的專業人士要做的可是遠超過那些事項。

石川　說到手冊，我最近在製作一本以兒童為對象的繪本，不少人「希望我畫一本流感防治對策的繪本」。不過，我總覺得不太對勁。給小孩看的繪本，只提到用「洗手」來預防，那麼真的得到流感時該怎麼辦呢？恐怕只能說聲「加油」。要我畫一本「避免到流感的繪本」，根本就是搞錯方向了，這是不可能的對吧。我認為什麼都想要手冊這樣的心態很不好。

新型流感發生時，大阪、神戶會……

岩田　2009年5月神戶與大阪爆發新型流感時，在大阪府箕面市某間醫院任職的護理師罹患了新型流感。該醫院向日本厚生勞動省提出報告，結果引發恐慌，還收到上級下達「關閉所有病房」的指令。

石川　那個時候，關西實在很有問題。

岩田　不過，好在箕面的感染疾病專家很可靠，認為沒有必要關閉病房，便否絕了那項決定。要是關閉病房的話，那些患者該何去何從？只是紙上談兵，完全不具有處理後續的想像力。

　　我認為，只要覺得自己是對的，不管官員怎麼說，媒體怎麼撻伐，都要做

好自己相信的、正確的事。因為我們是專業人員。

石川　爆發新型流感的時候，大阪府立刻遵循厚生勞動省的指示，讓學校停課，只有屬於政令指定都市的堺市和大阪市，因為與中央的聯繫體制不同，而較晚採取停課。我想會有如此措施上的差異，是否就是因為這樣的理由。

岩田　大阪好像當時有很多問題。不管是全校停課還是某個年級共同停課，仍然是有意義的。至少在最開始的階段，會有一些效果。

石川　大家對於新型流感的的死亡人數議論紛紛，事實上光是季節性流感，一年的死亡病例也曾高達2萬人。

岩田　沒錯，事實上流感每年都會大流行。其實，2009年的新型流感在神戶和大阪都沒引發那麼大的恐慌。

石川　頂多就只是口罩大賣而已。

墨守成規就無法創新

岩田　在《農大菌物語》中，教授們總是溫和地在身後守護著學生，不會有任何干擾。我認為大人不干預，是一件很棒的事。大部分的教育者，對於學生想做什麼事的時候，就會立刻說「不行」，然後講一大堆理由、藉口。舉例來說，就是搬出「規定」。這是我最討厭的詞彙。

石川　我也討厭（笑）。

岩田　規定什麼的，是手段而不是目的，可是大部分的大學、公司，可能連報社，都將規定視為目的。把循規蹈矩奉為人生目的。

石川　大家最喜歡依照慣例了。

岩田　要是依循前例的話，就沒辦法開創新的事物。漫畫也是如此，學術也是如此。只是一味地承襲舊的事物，就無法創新。

石川　我漫畫的責任編輯是個不討厭寫道歉信、反省報告的人，這點真是太棒了。

岩田　責任編輯雖然不是上司，但說到我覺得最理想的上司，是以前在我任職醫院裡的主管，他曾經對我說：「你高興怎麼做就怎麼做。責任我來扛。」

石川　當自己說出想要做什麼的時候，身旁要是有人也覺得有趣的話，就很難得。

　　現在我發現凡事都從「出版業界也很不景氣」這問候語開始。就算說出「想要做什麼」，一開始得到的回答清一色都是「要是失敗的話誰負責」。在起跑線上，大家都沒有好的想法。會讓人不禁覺得，這樣什麼都做不了。

不論「對、錯」，全部都可列入選項

岩田　在《農大菌物語》中，畫了很多和「必須提升糧食自給率不可」、「不能使用農藥」等，和固定說法有所出入的故事。

　　譬如，這次是地方啤酒篇，所採取

的手法不是一直講地方啤酒的優點。而是讓我最喜歡的角色武藤葵登場,由於太喜歡啤酒,歷經各種思考後,讓內容從她說出「日本的地方啤酒不夠好」這句話開始。即使喝了好喝的日本地方啤酒,也不會輕易地說出「我錯了,對不起」,我一直讓她累積各種經驗,直到自立開辦了啤酒節(德國慕尼黑每年10月舉辦的活動,是一個慶祝新啤酒釀造季節的開幕慶典)。

石川 我希望我的漫畫登場人物,都是「會自己調查的人」。

岩田 漫畫裡常常出現「自己想」這句話呢。我也很想對醫師說這句話。很多人都只會出一張嘴說其他人那麼做、厚生勞動省發出了這樣的通知,卻不用自己的腦袋思考。

　　另外,我還喜歡漫畫中不去否定大的啤酒公司,也不吹捧地方啤酒,而是說雙方各有千秋。我們醫師常常會彼此對立。例如,外科很棒,內科很遜,或者相反。我覺得醫師都已經不夠了,還這樣互相扯後腿,能有什麼建樹。總覺得大家更應該相互幫忙才是。

石川 漫畫也是如此,並非出版業不景氣,而是雜誌太多。不是人氣一一流失,而是消費者的選擇變多了。所以整體的盈利才會下降。

岩田 是啊。沒有所謂「對、錯」,全部都可以列入選項。我的作品總是企圖傳達「有得選擇是好事」這個概念,我也這麼認為。

—— 雖然還有很多話想說,不過就留到下次吧。今天謝謝兩位。

(編排　石川美香子　自由編輯)

*1 《農大菌物語》
由看得見菌的主角・澤木惣右衛門直保與他的夥伴,以農業大學為背景的漫畫(講談社Evening KC全13卷,只有最終卷刊載於Morning KC)。

*2【米麴菌】
製造味噌、醬油時不可或缺的黃麴菌。總是和種麴屋出身的主角在一起。

*3【釀酒酵母】
釀酒時不可或缺的酵母。會利用糖製造酒精。分裂增殖時,會在額頭上出現一個突起。

《超圖解菌種圖鑑》已經只剩下寥寥數頁了。

尾聲

大家好～
這裡是結語。

我們插畫部門一直都是開心地畫了很多圖。

對呀

即便如此，每個月其實都意外地相當辛苦，能這樣集結成冊出版，真是令我們感慨萬千。

因為在漫畫《農大菌物語》中，很難探討到致病菌的部分啊！

喔～

像是
O-157等等

在流感爆發或是諾羅病毒流行的時候，也刻意不讓這些菌登場，連載得相當小心翼翼呢。

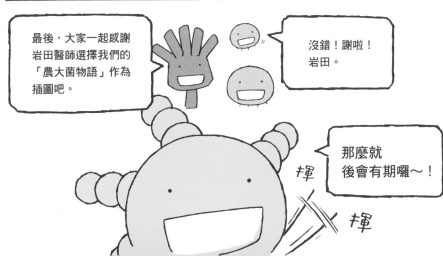

岩田　健太郎 Kentaro Iwata

出生於日本島根縣。1997年畢業於島根醫科大學。2004～09年任職於龜田綜合病院（千葉縣）。2008年以後，任職於神戶大學研究所醫學系研究科暨醫學部微生物感染症學講座感染治療學領域教授、神戶大學都市安全研究中心感染症風險溝通領域教授。美國內科專門醫師等。

石川　雅之 Masayuki Ishikawa

日本大阪府堺市人。代表作為《語部》《週刊石川雅之》《人斬龍馬》（以上為暫譯）《農大菌物語》《純潔的瑪利亞》等。2008年，因《農大菌物語》獲頒第12屆手塚治虫文化獎漫畫大獎、第32屆講談社漫畫獎一般部門、平成20年度醬油文化獎等獎項。最新作品《不惑之星》（暫譯）正於漫畫雜誌《MORNING》連載中！

日文版 STAFF
〔設計‧DTP〕　有朋社
〔校閱〕　　　山路桂子

超圖解菌種圖鑑
感染科醫師告訴你72種致病且致命的細菌

2017 年 11 月 1 日初版第一刷發行
2023 年 2 月 15 日初版第六刷發行

作　　　者　岩田健太郎
繪　　　者　石川雅之
譯　　　者　李璦祺、趙誼
編　　　輯　劉皓如
美 術 編 輯　黃郁琇
發 行 人　若森稔雄
發 行 所　台灣東販股份有限公司
　　　　　＜地址＞台北市南京東路4段130號2F-1
　　　　　＜電話＞(02)2577-8878
　　　　　＜傳真＞(02)2577-8896
　　　　　＜網址＞http://www.tohan.com.tw
郵 撥 帳 號　1405049-4
法 律 顧 問　蕭雄淋律師
總 經 銷　聯合發行股份有限公司
　　　　　＜電話＞(02)2917-8022

國家圖書館出版品預行編目資料

超圖解菌種圖鑑：感染科醫師告訴你72種
致病且致命的細菌 / 岩田健太郎 著；李
璦祺, 趙誼譯. -- 初版. -- 臺北市：臺灣東
販, 2017.11
176面；14.7×21公分
ISBN 978-986-475-496-0(平裝)

1.細菌

369.4　　　　　　　　　　　106017719

MOYASHIMONTO KANSENSHOUYANO
KININARU KINJITEN
© KENTARO IWATA, MASAYUKI ISHIKAWA 2017
Originally published in Japan in 2017
by Asahi Shimbun Publications Inc.
Chinese translation rights arranged through
TOHAN CORPORATION, TOKYO.